哲學是職場上最有效的武器

50個關鍵哲學概念

幫助你洞察情況、學習批判思考、主導議題,正確解讀世界

人生を生き抜くための哲学・思想のキーコンセプト50

山口周
Shu Yamaguchi

陳嫺若　譯

前言

——無修養的商務人士是「危險分子」

我並不是哲學、思想的專家，但是為什麼我要為商務人士寫這本「哲學、思想」的書呢？其原因，可以用一句話來歸納：

因為商務人士參與世界的建設，所以我希望他們能了解哲學、思想的精華。

我在前作《美意識：為什麼商界菁英都在培養「美感」？》當中提到，培育在社會上掌握強大權力、影響力菁英的教育中，以哲學為中心的博雅教育愈來愈受到重視，這是現在世界的風潮。

從歷史來看，自近代開始，歐洲負責培育英才的教育機構中，一直都將哲學和歷史設為必修。即使到了今日，培養出多位政治、經濟菁英的牛津大學，招牌的三大學系「PPE（Philosophy, Politics and Economics）」（哲學、政治、經濟學系）還是以哲學為三學問領域之首。法國高中課程（lycée）中，不論理科文科，哲學都是必修科目。高中畢業考第一天第一堂測驗，傳統上都是哲學科考試。在巴黎待過一段時間的人，應該也都曾在辦公室或咖啡廳裡聽到，人們拿畢業考哲學考試出了什麼題目、自己會怎麼回答當作話題吧。

我們把目光轉到美國。亞斯本研究院（Aspen Institute）是世界聞名的企業領導人的教育機構，研究院內有來自各全球企業的準經營幹部。他們是世界上「時薪」最高的人，但卻一齊聚集在這個風光明媚的滑雪聖地——亞斯本山麓，認真地學習柏拉圖、亞里斯多德、馬基維利、霍布斯、洛克、盧梭、馬克思等哲學、社會學經典。

為什麼他們會將一般視為「沒什麼用的學問代表」，放在學習優先順序的那麼前面呢？一九四九年，亞斯本研究院的發起人，（當時）芝加哥大學教授羅伯・哈金斯（Robert M. Hutchins），在促成該研究院設立的「歌德誕辰二〇〇年紀念」的國際會議上，就「領袖人物需要素養的理由」，發表了下面的看法：

・沒有素養的專家，是我們文明的最大威脅。

・所謂的專家，難道是只要有專業能力，就不需要素養，或是對諸多事物無知也沒關係嗎？

引自日本亞斯本研究院網站

見解確實精闢。哈金斯的意思是學習哲學，並不是為了「有用」、「很酷」或是「變得聰明」，但是有社會地位的人如果不學習哲學，這種人「會成為文明的威脅」，也將會是「危險的人」。

相反地，日本的狀況又是如何呢？二〇一八年一月，筆者有機會以提問者的身分，參加了關西經濟同友會，與代表關西財經界的企業領導人，討論「文化與企業」的關係。但是，到了現場才發現，沒有企業領導人能對該主題「闡述自己意見」，至少場內一個都沒有。許多經營者從頭到尾提出的，多是「文化賺不了錢」、「我想把錢用在祇園，但是沒有時間」等幼稚的發言，根本沒有人能夠對「企業經營對文化形成造成的影響」發表看法。

另一方面，這類無教養的「賺錢專家」（雖然看起來也並非那麼賺錢……）所率領的許多日本企業，卻不斷做出連小孩都為之驚訝的違法行為，有鑑於此，可以知道，哈金斯這個問題意識——即亞斯本研究院設立的前提——極具有前瞻性。

為什麼商務人士必須學「哲學」？

前面，筆者引用了羅伯·哈金斯的質問，正是這個質問促成了亞斯本研究院的創立，另外也敘述了「領導者必須具備哲學素養的原因」，接下來，再根據筆者個人的經驗，從稍微功利的角度，來談談學習哲學、思想的優點。

理由可以大致分為以下四大項：

①正確洞察狀況。

②學習批判性思考的要領。

③訂定課題。

④防止再次發生悲劇。

接下來，我將按照順序說明。

【商務人士學習哲學的意義①】正確洞察狀況

「……真虧你想得到這個層面啊。」

與客戶面對面開會時，不時會得到這樣的評語。當會議中未能確定問題的輪廓，或是整理不了問題的原因時，我會在會議時間快要結束前，突然丟出「問題該不會是○○○吧？」的疑問，然後霎時雲開霧散，豁然開朗。這時候，客戶就會說出「……真虧你想得到這個層面啊」的評語。他們大多都會露出微微吃驚，但又有些開心的複雜表情。

但這種時候，我幾乎都不是在腦海中從零開始組建思考，而是將哲學、心理學或經濟學的概念，套入眼前的狀況，試圖思索出一個理路。本書介紹的五十個「哲學、思想關鍵概念」，就是從筆者自己擔任顧問的經驗中，嚴選出「應該了解」，而且「對於突破困境非常有效」的概念來介紹給大家。學習哲學的最大效用，在於可以得到許多提示，以便深刻洞察「現在，眼前發生了什麼事」。而且，不用說許多經營者或社會運動家，都必須面對「現在，眼前發生了什麼事」這樣的問題，這也是最重要的問題。總而言之，學習哲學家留下的關鍵概念，在面對「現在，眼前發生了什麼事」的問題時，可以獲得重大的洞見，進而找出答案。不過，如果不舉出具體的實例來說明，恐怕一般人很難了解。

舉例來說，現在世界上正在掀起一股「教育革命」的潮流，其中又以芬蘭最為有名，例如，像是他們廢止課程按年次分級、廢止按科目區分課程等。說到學校上課，我們腦海裡想到的，大多是同年齡的孩子一起坐在教室裡，同時學習同一項科目，所以聽到芬蘭採取這種體系，可能會覺得很奇怪，因而把它理解為不同於自己熟悉的、某種「新型的教育架構」。

但是，這裡如果用辯證法的框架來思考，就會出現另一種理解，那就是它並不是「出現了新的教育體系」，而是「舊教育體系的復活」。

假設有某主張稱為A，另外有一個相反的矛盾主張稱為B，如何不否定兩者，而統合進化為新主張C，這種思考的過程即是所謂的辯證法。不過此時，這種統合、進化並不是在直線上進行，而是呈「螺旋式」。螺旋式的意思，就是從側面來看，它是鋸齒形的上升運動，從上往下看，則是圓形的旋轉運動。簡言之，就是「發展」與「復古」同時發生的意思。

我們所熟悉的教育體系，是將一定年齡的孩子集中在同一個地方，分割授課時間，讓他們學習同一學科，這是明治時代在富國強兵的政策下，為了對大量的孩童施行工廠式的教育，才編成的體系。自人類誕生以來，就一直在從事孩子的教育，歷史亙古長達數萬年，所以，現在的教育體系，只是在這悠久歷史中極短期間所採取的方式，可以說是一種例外的方式。

那麼，明治維新之前又是什麼樣的教育體系呢？那就是所謂的私塾教育。回頭看看當時的私塾，學生年齡大小有別，學習的科目也各不相同，與現在世界發展的教育體系在方向上十分近似。

也就是說，在習於近代教育體系的我們看來，這體系雖然非常「新穎」，但其實從長遠的時間軸來思考，它卻是「古老」的東西。但是，「古老的體系」也並非原封不動的復活，否則就只是單純的後退。古老的體系帶著某些發展的元素回歸，以教育體系來說，這所謂「發展的元素」就是ＩＣＴ了。為免占用本書的篇幅，關於教育體系發展的解說，就說到這裡吧。

教育體系這個主題即是一個例子，一個人懂不懂辯證法的概念，對他能不能洞察現在的新潮流乃是「過去體系發展上的回歸」，有著很大的影響。

過去哲學家建議的種種思考框架或概念，有助於更深入了解眼前發生的事，這究竟是什麼樣的運動，以及未來還會發生什麼事。我再說一次，這個「現在正在發生什麼，未來又會發生什麼」的疑問，應該是商務人士必須面對的問題中，最重要的問題。而在思索這樣重要的問題時，哲學就能給予我們許多強有力的工具和概念。

【商務人士學習哲學的意義②】學習批判性思考的要領

商務人士學習哲學的第二個優點，是「學習批判性思考的要領」這一點。因為整個哲學的歷史，可以說完全就是對世人言論進行批判性探討的歷史。

關於這一點，後面會有詳盡的解說，而過去哲學家面對的問題，大致可以整理為二類，一是「世界是怎麼形成的」，即所謂「What的問題」，第二「我們在這其間應該如何生存」即「How的問題」。自古希臘以來，幾乎所有哲學家面對的問題，都可以納入這兩類當中，但儘管如此，卻還存在著那麼多的哲學家論述，這證明了世上尚未出現決定性的答案，來回答這些問題。

哲學家面對問題，提出他們自認的答案：「會不會是這樣呢？」如果世人認為那個答案具有說服力，在一段期間內它就會成為世上的「經典」理論而普及開來。但是，後來現實發生了變化，經典理論看起來變得粗糙……，也就是說，它的回答無法精準地說明現實，或是無法妥善地處理現實的需要。於是，新的哲學家便會出來批判「那個答案恐怕不對吧？」而再提出別的答案。哲學的歷史就是靠著「提出想法↓批判↓再提出想法」這樣周而復始的脈絡形成的。

那麼，為什麼這一點對商務人士很重要呢？因為在商貿上也應該具備批判性思考。面對變幻莫測的現實，商務人士必須批判性地重新審視當下的思考方式和應對，調整自己的應對態度，將過去運行順利的結構變更為適應現實變化的形式。以前，在英語中，企業叫做 Going Concern，意思是「在永續的前提下經營的組織」，重點在於面對「環境的變化」「企業永續發展」，也就是說，企業成立的前提，是「不斷地在變化」。

也許有人看到這段話會認為「這不是天經地義的事嗎？」若是如此，為什麼那麼多日本企業很難達到這個「天經地義」的概念呢？最大的重點在於「變化」一定「伴隨著否定」，在否定過往成立的思考方式、行動方式上，接受新的思考方式、行動方式。難的不是在「啟動」「新的思考方式、行動方式」，而是用批判的眼光掌握「舊的思考方式、行動方式」，讓它「結束」。先用批判性的眼光重新審視以往有效的「思考方式」，如果，它已經不能妥善地適應現實、無法精確地說明現實，就必須思索其原因，提出新的範本，這就是哲學家持續不斷在做的事。而學習哲學的好處之一，就是儘管探討的問題並不相同，但是卻能以知性的態度或頭緒，有意識地去批判、考察這種「無意識間規定自己行動與判斷的潛在前提」。

【商務人士學習哲學的意義③】訂定課題

商務人士經常使用的agenda這個字，就是課題的意思。為什麼「訂定課題」這麼重要？因為它是創新的起點。今日，許多日本企業，都把創新當成首要的經營課題，但坦白說，筆者認為其中八成都只是「扮家家式的創新」。為什麼我敢這麼武斷呢，因為絕大多數的案例，都沒有設定「課題」。所有的創新，都必須實現在解決社會所抱持的「大課題」，所以沒有「設定課題」的地方就產生不了創新。大部分的企業，都失去了「設定課題」這個創新的靈魂，只是在表面上建立起從外部募集創意的架構、或修潤創意的過程，屬於「開放式創新」的狀態，所以只能說他們是「扮家家式的創新」。

筆者在撰寫前作《如何建立世界最具創新性的組織》時，我採訪了許多社會上公認的「創新人士」，但其中最大的特點是，沒有一人曾想過「要發起一場創新」。他們一定都是出現了具體「想解決的課題」才去從事工作，並不是為了「想要創新」。「創新停滯」的吶喊已經喊了很久，但是造成停滯最大的原因，並不是「創意」或「創造性」出現了瓶頸，而是從一開始就沒有想解決的「課題，即 agenda」。

所以，「設定課題的能力」就變得十分重要了。那麼，我們該怎麼做，才能提高「設定課題的能力」呢？關鍵在於「素養」。為什麼呢？若想從眼前熟悉的現實中汲取出「課題」，絕不可欠缺的是「將常識相對化」的手續。舉例來說，只了解日本風俗習慣、生活文化的人，很難思考日本的風俗習慣「為什麼要做這種事」，但是如果是個懂得外國風俗習慣、生活文化的人，那就容易多了。我們常常可以在書店或電視上看到名為「日本人這些地方很奇怪」的書籍或節目，這些內容的成立，都是建構在「日本人稀鬆平常的習慣，外國人看起來卻很奇妙，或是日本人聽到這種評論，也會覺得『聽他們一說的確如此』」的基礎上。也就是說，一個人愈具有地理空間，或歷史時間廣度，就愈能將眼前的狀況相對化。

所謂的創新，經常包含著「過去視為理所當然的事，不再理所當然」的性質。以往理所當然的事，就是常識，去質疑常識，才能產生創新。

但是，從另一方面來說，質疑所有的「理所當然」，日常生活就過不下去了。舉例來說，如果一看到信號燈就想，為什麼綠燈「通行」，紅燈「止步」呢？為什麼時鐘是從右往左轉呢？那麼日常生活就會出現大麻煩了。這種常常看到的「質疑常識」訊息太膚淺了。

在關於創新的論述方面，人們經常會拋出「丟棄常識吧」、「質疑常識」等簡單的提示，但這種提示，卻對「為什麼世上會出現常識這種東西，為什麼它會根植人心，難以動搖」的論點，完全缺乏洞察力。「質疑常識」的行為其實相當耗費成本，然而只有「質疑常識」，才有可能促進創新，這裡就形成了矛盾。

從結論來說，只有一把鑰匙可以解開這個矛盾，重點不在於人云亦云地學會「質疑常識」的態度，而是要具備分辨的眼力，可以識破哪些是「可以睜一眼閉一眼的常識」，哪些是「必須懷疑的常識」。而空間軸、時間軸上知識的廣度，也就是素養，便能賦予我們分辨的眼力。

將自己擁有的知識與眼前的現實相比，就能讓普遍性較低的常識——即「只有現在、這裡才適用的常識」浮現出來，史蒂芬．賈伯斯正因為懂得書法之美，才會想出「為什麼電腦字體那麼醜」的疑問。切．格拉瓦正因為學過柏拉圖的《理想國》，才會提出「為什麼世界的狀況會這麼悲慘」。他們沒有默默接受眼前的世界「就是這麼一回事」，而是將它比較相對化。比較之下，就會浮現出「無普遍性」、應該懷疑的常識，而素養的功能就是反映這些常識的一面鏡子。

【商務人士學習哲學的意義④】防止再次發生悲劇

最後一條學習哲學的理由，是「防止再次發生悲劇」。很遺憾地，我們過去的歷史都被鮮血所染紅，這是人類窮極無度的邪惡所造成的悲劇。而且我們絕不能忘記，這樣的悲劇全是我們這種極為「平凡的人」的愚昧所導致的。

過去許多的哲學家目睹了同時代的悲劇，為了將我們人類的愚昧昭告天下，防止那種悲劇再次上演，便思考、談論、書寫克服我們愚昧的方法。人類過去付出了高額學費，從種種失敗中獲得教訓。

學習了解過去哲學家如何面對問題、如何思考，一方面也是為了學習過去用高學費所得到的教訓，以免重蹈覆轍，再犯與古人同樣的愚昧錯誤。

參與一般性實務的商務人士，傾聽過去哲學家的指摘，自有其意義。待在象牙塔中的哲學家不能改變世界——也許很多人想到沙特、馬克思發揮的影響力，會覺得這句話有點奇怪吧。但是，這是事實。改變世界的不是那些哲學家，而是實際上參與實務、為每日營生勞心勞力，換句話說，就是現在正在讀這本書的各位。在本書中，尤其是漢娜・鄂蘭那一節會再次提到，世界史上的悲劇主角，並不是希特勒或是赤柬頭子波布，而是選擇追隨這些領袖的、極其「普通的平凡人」。如果說正是這些人才造就出巨大的惡行，人類已付出了高額的學費，而過去的哲學家則寫下了文本作為對價，所以我們這些「平凡人」去學習它，就具有重大的意義，相信各位都能了解這一點吧。

尤其是，很多人依據個人體驗得到狹隘的知識，建構出世界觀，這些人被稱為實用主義者，但是，我們不能忘了，今日社會上種種問題的發生，都是這種抱持獨特世界觀的人造成的。約翰・梅納德・凱因斯（John Maynard Keynes）在著作《就業、利息和貨幣通論》中，就對宣揚錯誤個人理論而感到滿足的實用主義者，有著這樣的看法：

講求實際的人自認為他們不受任何學理的影響，可是他們經常是某個已故經濟學家的俘虜。

確實是辛辣的評論。

我們今後會重蹈過去人類反覆發生的悲劇嗎？還是運用繳出的高額學費，發揮更高水準的智識，以新的形式存活下去呢？我深信，這完全得看我們從過去的悲劇中，學到了多少教訓來決定。

目次

第1部

第2章 關於「組織」的關鍵概念 135

——為了思考「這個組織為什麼不改變？」

第3章 關於「社會」的關鍵概念 199

——為了理解「現在有什麼事在發生」

第4章

關於「思考」的關鍵概念 275

——為防落入常見的「思考陷阱」

第 1 部

哲學是最有用的「工具」

本書不是所謂的「哲學入門」

市面上已經有了很多本所謂的「哲學入門」，在亞馬遜網站輸入「哲學入門」四個字，就會跳出一萬本以上的書，從大宗師伯特蘭・羅素的《哲學人門》到普通作品都有。入門書出版了這麼多，證明決定性的經典尚未出現，所以重新撰寫「哲學入門」還是有其意義。但是，反過來說，既然已經濫造出這麼大量的「哲學入門」，新書若不能與過去的著作有決定性的差異，也就沒有太大的意義了。所以，在此我想說明一下，本書與過去大量撰寫的「哲學入門」，有什麼不同。

具體來說，本書與其他同類書有三點不同：

①目次不使用時間軸。

②基於個人的實用性。

③包羅哲學之外的領域。

接下來按順序說明。

【與同類書的差異①】目次不使用時間軸

幾乎所有的「哲學入門」都是將時間軸，也就是「哲學史」作為編輯的主軸。流程大致是這樣的：

一開頭，從希臘的普羅達哥拉斯、蘇格拉底那時代講起，接著提到柏拉圖、亞里斯多德，然後進入中世紀。經過一段空白時期後，分成兩個流派，分別是笛卡兒、斯賓諾莎、萊布尼茲的歐陸理性主義論與洛克、貝克萊、休謨的經驗主義，後來由康德加以綜合整理，告一段落。之後，再解說黑格爾、謝林、費希特的德國觀念論，隨後敘述緣起於尼采、佛洛伊德、馬克思三人的克勞德·李維－史陀的結構主義，以及胡塞爾、海德格等人提出的存在論與現象學。最後再從沙特、梅洛－龐蒂、維根斯坦等近代哲學，介紹到後結構主義的傅柯、德勒茲、德希達等人收尾，更講究一點的，還會再加上鄂蘭、哈伯馬斯、霍克海默等的學說，最後在最終章，以「活在現代的我們面對的是什麼樣的命題？」之類的申論作為結尾，典型的結構大致如此。

關於這一點，下一節會有更詳盡的說明。但是哲學的初學者，受到挫折的一大原因，就在於「古代希臘的哲學太過無聊」。古希臘哲學家留下的大多數思想，對於生活在現在的我們而言，不是過於理所當然，就是謬誤繁多，學習這種思想，很難找出其中的「意義」。結果，學生在這個階段就感到退縮，而不願再前進了。雖然根據時間軸編排目次並沒有錯，但是總讓人覺得這趟「哲學之旅」非得從攀登「希臘哲學這座景色單調的險山」起步，這樣只會產生更多的受挫者。因此，本書不採用「依據時間軸編排的目次」。

那麼，本書是用什麼方式來組成目次呢？那就是「按照使用的用途」。哲學家留下了各種各樣的概念，我們可以根據「在思考什麼事物時最有效」的「用途」來整理這些概念。

具體上來說，本書整理成四項，分別是「關於人的關鍵概念」、「關於組織的關鍵概念」、「關於社會的關鍵概念」，以及「關於思考的關鍵概念」。

「關於人的關鍵概念」乃是就他人或自己的思考模式、行動模式，賦予更深刻的洞察。心理學家阿爾弗雷德・阿德勒指出，「所有的煩惱，都是人際關係的煩惱」。的確，我們人生中發生的問題，絕大多數都與「人」相關。既然如此，過去哲學家不斷對「人的本性」的研究，絕對可以成為活出「更美好人生」的線索。

為什麼我的演講不受好評呢？

亞里斯多德答道：「不只是理論，感染力和個人特質也很重要。」

真倒楣啊，遇上不好的時代，公司又那種狀態，令人提不起勁。……

沙特答道：「你只是一味的逃避，沒有介入（engagement）吧。」

「人到底是什麼？」這個問題，在進入十九世紀，由醫學、心理學、腦科學挑起大梁之前，唯有哲學家們才能進行比他人更深刻、更尖銳的思考。他們也像活在現代的我們一樣，對於別人旁若無人的舉動感到苦惱：「為什麼這個人要做這種事？」

哲學家們面對這種問題，留下「關於人的研究」，對我們來說應該不會沒有用處。他們留下來的概念，在我們思考牽涉到「人」的問題時，會給予我們宏大的洞察。

其次是「關於組織的關鍵概念」。哲學家的想法，在我們想深入了解人類結成團體後會做出什麼行為時，會給予我們有用的洞察。組織當然是由個人集合而形成的，但是我們不能把個人的思考模式或行為模式，用單純的加法來預測或理解組織的行為。個人聚集起來，形成團體後，該團體會從事以個人特質的單純加總難以計測的奇妙行為。

新的業務流程，一直無法落實。

勒溫答曰：「引進之前，可以先解凍嗎？」

會議上引不起熱烈的討論，總是自然而然地隨著現場的風向走。

彌爾答道：「招攬魔鬼代言人吧。」

今日，幾乎沒有人可以活在與組織無關的地方，不論你是否願意，我們都不得不以某種形式，與組織有著關聯。因而，學習過去哲學家對組織如何行動、擁有哪些特質的研究，具有相當大的意義。

接下來是「關於社會的關鍵概念」，在我們想深入了解社會的形成與其機制時，哲學家的思考能給我們有用的洞察。研究社會行為方式的學問，現在一般稱之為「社會學」，然而許多哲學家或思想家留下的概念，在洞察社會的行為及在其背後運作的結構上，極有幫助。

人們的評價非同小可，所以我想運用市場原理，在公司內部建立人才市場。

馬克思答道：「會產生社會孤立哦，要小心啊。」

既然上天給每個人的機會是平等的，那麼貧困就是自己的責任，自作自受吧。

勒納答道：「你困在公正世界理論裡了。」

自古希臘以來，許多哲學家都思考過「什麼樣的社會才是理想社會？」這個問題。但是，不用說這個問題還沒有得到一個決定性的結論。不過，應該說，這個問題很明顯可以看出，從一開始的「問題設定」就有很大的問題。納粹、史達林主義、文化大革命、波布、奧姆真理教等的「以理想社會為目標的運動」，全都面對悲慘的下場。

地獄之路是用善意鋪設而成。話雖如此，如果認為對建構「更美好世界」的全部努力只不過是自我欺騙，那我們必然會陷入虛無主義。若想在不失去建構更美好世界的理想下，夢想一個「理想社會」而從事社會運動，只好同時提醒自己可能陷入獨善與欺瞞的危險性。這是非常困難的事吧。正因為如此，過去哲學家留下的「關於社會的考察」對我們而言會成為重要的線索。

而最後「關於思考的關鍵概念」，賦予了我們在深入、尖銳思考事物時的突破點。前面已經說過，哲學的歷史就是一部「偉大的思考過程記錄」，這也就是說，哲學的歷史是由「提案與否定的連續」所組成，像是提出「某個提案A」後，另一個「提案B」指出它的錯誤而將它否定，接著又有「提案C」來否定提案B。這個過程中，許多哲學家，對於想要否定的哲學思考，會採取「該思考方法」有問題的攻擊手法。換句話說，他們認為該哲學家的思考方法乍看之下好像正確，但其實是有「陷阱」的，因而指正對方「你掉進陷阱裡啦」。

這麼簡單的事，為什麼外國人不懂呢？

培根答道：「不要被洞穴偶像困住了。」

我的事業目標是外資系統的投資銀行，所以文學、歷史都跟我沒關係。

李維－史陀答道：「不要小看拼裝哦。」

這些陷阱，都是哲學家，也就是相對較「聰明的人」曾經陷入的陷阱，所以，平凡人如我們，也很容易掉進去。換句話說，這種關於「思想陷阱」的指摘，在我們進行更強、更深度思考之際，會是非常有用的「旅遊指南」。

【與同類書的差異②】基於個人的實用性

本書與一般所謂「哲學入門」的第二個重大差異，在於本書舉出的概念，並非依據它在哲學史上的重要性，而是以筆者個人的實用性為根據。說白了，就是按筆者判斷它「有用還是沒用」來編輯的。

舉例來說，不論是什麼樣的哲學入門書，都一定要用相當大的篇幅，介紹幾位重量級的哲學家。最具代表的有笛卡兒、康德、黑格爾三人。其中，因為康德將笛卡兒和萊布尼茲的歐陸理性論（該流派重視奠基於抽象性思考的演繹），與洛克、休謨等英國經驗主義（該流派重視奠基於具體經驗的歸納），綜合性地整理到一個頂點，因此絕大多數的書都會大篇幅的介紹康德。

但是，本書完全沒有介紹康德。理由很簡單，對筆者來說，他不太有用……這麼說好像很負面，但坦白說，只是因為「他太偉大了，用起來礙手礙腳」的關係。有趣的是，康德自己也說過，「好」與「壞」定義，「應該由能不能達成目的來判斷」。舉例來說，假設這裡有一把菜刀，這把菜刀的好壞，必須從菜刀的目的——也就是「切碎食物」——的觀點來判斷。沒想到它這麼簡單吧。所以我也倣效康德的說法，同樣用是否能達到「快樂生活」的目的，來判斷各個哲學概念。

我們的目的是「過著快樂、順心的人生，成為幸福的人」對吧？我想應該沒什麼人會違背這個目的的定義。其中也許有人會說「不對，我不用成為幸福的人，但是我想在歷史上留名」，但那只是他對幸福的定義是「名垂青史」，屬於同義反覆。

假設，我們的目的是過著「快樂、順心的人生，成為幸福的人」，那麼學習知識、技術的意義，終究要從是否「能因此過得快樂、變得幸福」的觀點來判斷。

過著小日子的一般人只是社會這個大體系中的一分子，而本來，哲學這門學問應該也是用來指引人們「過更好的人生」、「為建設更好的社會貢獻」，但遺憾的是，在日本並未給予哲學所代表的素養這樣的定位。不論是明治還是昭和時期，為了快點趕上西歐，國家偏重工學、法學等實學，輕忽本應作為這些學問基礎的哲學等素養教育，直到現在依然如此。

最大的原因還是哲學學者的怠慢吧，本來哲學是極為有用的武器或是工具，但是他們卻沒有向大眾啟蒙或說明它的實用性。那麼，他們做了什麼呢？他們撰寫的多數哲學、思想文本，全都成了獨善式訴說哲學怎麼出色的廣告宣傳單、只有專家看得懂的設計圖解說，或是篳路藍縷等只有學界人才懂的辛酸歷程，至於最要緊的「對於天天書寫世間歷史的一般人，哲學究竟有什麼樣的啟示和洞察？」也就是「使用指引」，卻完全沒有提及。

蓋房子的時候，要用到鐵鎚和鋸子，許多人在建設「豐富人生」的房子時，也需要運用各種「智慧的工具」，但是，如果問哲學家「我們要怎麼使用『哲學』這種工具呢？」他們卻只會提出自己有興趣的問題，像是「這支鐵鎚並沒有『敲釘子』這種先驗規定的本性……」「這支鋸子的分節概念射程，廣泛包含了鉋子……」之類閃避的言詞，然後自命清高的互相吹捧：「您上次的論文，寫得好極了。」「這是哪兒的話，您之前的論文才是出色呢。」這不叫怠慢，什麼叫怠慢呢？

所以，我們回到主題，本書提出的哲學、思想關鍵概念，未必能反映出個別在學院派哲學史上的重要性，從熟悉哲學和近代思想的人來看，恐怕「很難容忍」抽掉康德、斯賓諾莎、齊克果等人的「哲學入門」吧，但筆者並不在意這種批評，我想先在此說明的是，本書說到底是筆者根據所從事的組織、人才諮詢與實際生活的需求，以對解決問題有用的概念為根本，編輯撰寫而成的。

【與同類書的差異③】包羅哲學之外的領域

本書與所謂「哲學入門」第三個大差異，在於我也介紹硬派哲學、思想之外的概念。具體來說，包括了經濟學、文化人類學、心理學、語言學等。

其實這並不是本書的專利，舉例來說，幾乎所有哲學入門書都會介紹的結構主義開山祖師——克勞德·李維-史陀，原本就是個文化人類學家，所以也許有人會認為，不需要刻意將它列為「與同類書的差異所在」。

但是，我之所以認為還是特別就這一點言明比較好，是因為我擔心有讀者誤解，本書介紹的五十個關鍵概念，悉數屬於「哲學、思想」的領域。

打開哲學史的教科書，各位一定會注意到，有很多亮點都放在「本業不在哲學領域的人」，前述的李維-史陀，就是這類人物的代表。李維-史陀從本業的文化人類學提出言論，為存在主義打上了休止符，所以可稱之為改變哲學歷史的人。但除了李維－史陀之外，還有不少這樣的人物。

這種情形在其他學問領域並不常發生，甚至不可能發生，很難想像有文化人類學者在理論物理學界的歷史中留下重要的軌跡，或是經濟學家對生物學的歷史造成影響。但是，在哲學、思想的世界裡，這種事經常發生。為什麼會出現這種現象呢？主要是因為哲學這門學門，在某種層面上，融合了其他所有學問的領域。舉個簡單的例子吧，有一個從古希臘開始哲學家們就一直煩惱的問題，那就是我們「有可能正確認識事物嗎？」在哲學的世界，笛卡兒和康德等人對這個問題發揮了舉足輕重的角色，但是最後，卻經由海森堡的不確定性原理和量子力學，從原理上證明了「不可能」達成。反過來想，若只把焦點專注從哲學的領域來考察，這種做法本身就不太哲學了。

既然哲學這門學問，就是援用各領域的發現和見解，無拘無束地從各方面洞察人類、社會、世界的樣貌，我認為太過偏重硬派的哲學、思想，壞的影響反倒較大。因而在此特地預先解說一下它的結構。

為什麼讀哲學令人挫折?

我想，拿起本書的讀者，大多是對哲學多少有些興趣，但是之前卻有過受挫經驗的人。所以，在進入正題之前，我想先來談談這個問題，「為什麼讀哲學令人挫折？」說得更清楚一點，就是對「為什麼哲學很無聊？」這個問題，提出明確的理由。因為如果不從結構上通過這一關，最後還是會陷在同樣的挫折中。

以兩個主軸整理歷史上所有哲學家的論述

首先，本書是依據下面兩個主軸來整理歷史上所有哲學家的論述。

① 問題的種類　「What」和「How」

② 學習的種類　「過程」與「輸出」

我們先就第一個主軸「問題的種類」來思考一下。
哲學始於古希臘時代，此後各個哲學家發展出林林總總的思想，而所有歷史上的哲學，都可以歸納為努力找出以下兩個問題的答案。

①世界是怎麼形成的？＝What 式問題
②我們應該如何生存？＝How 式問題

舉例來說，探討「物體是由什麼形成？」問題的古希臘德謨克利特，就是個典型研究「What 式問題」的哲學家。提倡「超人」概念，面對「近代人應該如何活在世上」的問題，時時不忘戰勝基督教道德的尼采，則可以歸類為典型研究「How 式問題」的哲人。

回應「What 式問題」的答案，比較多無聊的內容

好，接下來我們就「為什麼讀哲學讓人挫折」這個問題，來思考看看吧。如同前述所說，哲學家鑽研的「問題種類」，分為「What 式問題」和「How 式問題」，過去哲學家針對「What 式問題」想出的答案，從現代我們的眼光來看，大多數都是「錯誤」或「正確但陳腐」的答案。尤其是古希臘哲學家們對「What 式問題」想出的解答，現在幾乎都被自然科學全盤否定了。例如，古希臘哲學家認為宇宙萬物都是由「水」、「火」、「土」、「空氣」四個元素組合而成。但在現代學過元素的我們來看，這個主張完全是純粹的錯誤。聽到哲學兩個字，也許一般人都以為它蘊含著什麼深遠的真理，其實完全沒那回事，我們已經知道，歷史上留名的哲學家的主張（即輸出），大多數到了今日都只是個錯誤。

然而，儘管我們已知古希臘哲學家對「What 式問題」的解答，大多是「錯誤」，或至少是「陳腐的」，但是初階哲學的教科書上通常都按年代編纂，所以大多都還是從古希臘開始說起。筆者認為，這就是讓初學者受挫的一大因素。

學生發憤圖強地打開哲學入門書，但前五十頁出現的，卻是我們看起來非常幼稚，或是完全錯誤的概念，這樣一來，當然會感覺「學這種玩意兒到底意義何在？」這就是學哲學受挫的第一大要因。

重要的是從「過程」中學習

這麼說來，難道古希臘哲學家的論述中，沒有我們值得一學的地方嗎？不，並非如此。接下來要登場的是前面已經介紹過，整理哲學家論述的第二個主軸，那就是「學習的種類」。

前面說過，古希臘哲學家鑽研的問題，大多是「世界是怎麼形成的？」這種「What式問題」。

那麼，我們可以從探討「What式問題」的他們身上學到什麼呢？這裡，我們就「學習的種類」主軸，來思考一下吧。再說一次，從哲學家的研究，我們可以得到以下兩種學問。

・從過程中學習
・從輸出中學習

過程指的是思考過程和樹立問題的方法，也就是該哲學家是如何思考，才走到最後的結論的。而另一方面，輸出指的是該哲學家研究之後，最終提出的回答和主張。

用這個框架來思考古希臘哲學家達成的結論——「世界由四個元素組成」，就是所謂的輸出。那麼，活在現代的我們，從這個輸出能學到什麼呢？當然，毫無所得。最多也只是學到聰明的古希臘哲學家們原來也會胡扯八道啊。

但是，從另一個角度，他們如何觀察世界、如何思索的過程，卻不在此限。過程中有很多鮮活的學問，會成為我們現代人的一大刺激。

舉例來說，蘇格拉底出現前的古希臘，時代約是紀元前六世紀，有一位哲學家叫做阿那克西曼德。這位阿那克西曼德有一天靈光一閃，對當時的主流定論「大地是靠著水支撐」產生了疑問。原因其實很簡單，就是「如果水支撐著大地，那麼必須有其他物質來支撐那些水才對。」他說得的確有道理。

於是，阿那克西曼德繼續往下推論，如果必須有「某物」支撐水，那麼就必須有另一個「某物」支撐「某物」。阿那克西曼德思考的結果，便推論出「如果從推測什麼支撐什麼的角度來思考，會無限循環下去，但是不可能有無限的物體……所以最後只能認為，地球並沒有被任何物體支撐，也就是說它飄浮在宇宙中。」

阿那克西曼德最後得出「大地沒有被任何物體支撐，飄浮在宇宙中」的結論，對現在的我們來說，除了陳腐還是陳腐。也就是說，如果用剛才的框架來說，沒有任何「輸出中學習」。

但另一方面，阿那克西曼德表現的求知態度和思考過程，也就是說，他對當時「大地由水支撐」的主流定論，並不囫圇接受，訂立了「如果大地靠水支撐，該水必定也靠他物支撐」的論點，這種不屈不撓，追根究柢的態度與過程，對我們現代人而言，也是一大刺激。

歸納起來，可以得到這樣的結論。阿那克西曼德留下的論述，對活在現在的我們而言，如果有什麼學問的話，便是「學習過程」，終結性的「輸出中學習」如同生魚片的鋪底蘿蔔絲，學問的「精華」並不在那裡。但是，如果不去體會這種思考過程的妙趣，只想獲得「結論式的學問」，就只能學到「阿那克西曼德主張地球飄浮在宇宙中」的結論，於是便產生「這不是廢話嗎？那時代的人都是傻瓜吧」的感想。那麼，自然而然會認為「學習這種玩意兒到底有什麼意義？」

像阿那克西曼德這種，即「從過程可以學到大學問，但是輸出的學問卻很貧瘠」的哲學家多不勝數，例如，笛卡兒也可以算是典型的例子。笛卡兒留下一句膾炙人口的話：「我思，故我在」，這句話的意思就是說「不論一件事有多麼確實，但懷疑它就表示自己有思考的精神，不能被否定。」但是生活在現代社會中，若有人對我們這種小市民唐突地說出這句話，絕大多數的人也只能做出「呃，這麼說也沒錯啦」的反應吧。簡單地說，在「輸出中學習」上，從笛卡兒的思想也得不到什麼豐碩的成果吧。

「我思，故我在」並不重要的原因

但是，在「從過程中學習」方面，笛卡兒和阿那克西曼德一樣，不會受限。也就是說，從這方面有豐碩的學問可學。被譽為評論之神的小林秀雄，對笛卡兒《方法論》的看法，直言：「這是笛卡兒的自傳。」自傳記述的是「考察的歷史」，即「我如此懷疑、思考」的過程。這個看法真的相當犀利，我們從中了解笛卡兒如何煩惱、思考，最後到達「我思，故我在」的結論，這才真正算是學到笛卡兒的「哲學」。但是，在初階的教科書中，完全沒有介紹他考察的過程。雖然有程度上的問題，但是大多數的制式教科書，就只是介紹笛卡兒著名的「我思，故我在」主張，然後極簡略地說明這個主張有多厲害，但嚴格來說，這種介紹只是一種「業內行話」罷了。

這也是初學者受到挫折的一大要因。聽到名聞四海的哲學老師說「這裡非常重要」，但自己卻怎麼樣也懵然不解，最後的結論就是「自己不適合學這一科」，喚不起學習學問必定需要的「求知的興趣」。

這樣一整理，我們就知道「初學者在哲學上受挫的原因」是：

急就章地想學習哲學家留下的輸出，但是輸出太過陳腐，或有謬誤，以至於感覺不到「學習的意義」。

初學者通常都會想「快速」學會，但是這麼一來，老師只好「只教授重點」，結果學習者還沒吸取「學習的意義」便鎩羽而歸了。初學者正因為沒有太多時間學習，所以追求急就章的理解，用這種態度去學習，結果受挫，進入一種進退兩難的困境。這個問題最典型尤其會發生在古希臘哲學家的部分，所以前面也提及，本書不採用許多哲學入門書常用的「歷史」作為編輯的主軸。

為了不重蹈上述的覆轍，我認為盡量按捺急就章式只想了解、教授輸出的心情，用精簡的說故事方式，去介紹哲學家在達到輸出主張前的思考過程和面對問題的態度，更為重要。本書接下來所要介紹的「哲學、思想的五十個關鍵概念」，就是選出具有橋頭堡功能的概念，讓讀者重新體驗哲學家的「思想過程與面對問題的態度」。下一章讓我們正式進入這些關鍵概念的介紹吧。

第 2 部

將知識戰鬥力極大化的 50 個關鍵概念

第／1／章

關於「人」的關鍵概念

——為了思考「這個人為什麼會做這種事」

01 logos（邏輯）、ethos（倫理）、pathos（情感）

——只靠邏輯叫不動人

亞里斯多德（Aristotélēs, 384-322 BC）

古希臘哲學家，柏拉圖的學生，經常與蘇格拉底、柏拉圖並列為西洋最偉大的哲學家。因為在多種自然研究上留下功蹟，因而又被稱為「萬學之祖」。對伊斯蘭哲學、中世紀經院哲學，以及現代哲學、邏輯學，都造成莫大的影響。日文版的著作集多達十七卷。涉獵細項涵括形而上學、倫理學、邏輯學等哲學關係，以及政治學、宇宙論、天體學、自然學（物理學）、氣象學、博物誌學、生物學、詩學、戲劇學及現在所謂的心理學等各領域。

如果想真正改變一個人的行為，「說服不如理解，理解不如共鳴」。擅長邏輯思考的諮詢顧問往往在轉戰企業後陷入苦戰，都是因為他們誤以為靠著邏輯就能叫得動人。

那麼，若想讓人心悅誠服的行動，需要什麼呢？亞里斯多德在著作《修辭學》中陳述，如果想要真正改變一個人的行為，需要「logos」、「ethos」、「pathos」三項。

「logos」是邏輯，雖然他指出，只靠邏輯很難說服別人，但是，在邏輯上條理不通的計畫，恐怕也很難獲得別人的贊同吧。主張合乎道理，是說服人時的重要條件。正因為如此，亞里斯多德在《修辭學》中，用了相當的篇幅來說明「logos」。

但是，只靠邏輯就能叫得動人嗎？那是不可能的。也就是說，「邏輯」是必要條件，卻不是充分條件。從辯論的角度來理解，就很容易懂了。辯論比賽時目標是戰勝對手，但是在現實社會中，如果在口舌上占了上風，辯輸的對手反而會懷恨在心，結果只是陽奉陰違，不會發揮實力、全力以赴。所以只靠邏輯沒法叫得動人。

因此，亞里斯多德舉出第二項要素「ethos」。ethos 即 ethics，也就是倫理。不論再怎麼於理有據，只要在道德上不是正當的行為，就無法引發人的能量。人們會願意為道德上正當的事、有社會價值的事，投入自己的才華與時間，正因為如此，亞里斯多德才會說，訴求這一點較能有效打動人心。

第三項「pathos」是指 passion，即情感、熱情。自己懷抱想法、充滿熱忱地述說，才會讓人有共鳴。請各位把手放在胸口想像一下，如果坂本龍馬一臉厭煩的表情，乏味地訴說維新的重要性，還能發動得了那麼偉大的運動嗎？又或者，表情「毫不起勁」的金恩牧師，一派懶散地訴說種族平等的夢想，你會怎麼想呢……一定難以想像吧。他們正因為懷抱著「pathos」熱情訴說未來，世界才會因此而改變。

前面解釋了亞里斯多德的「logos、ethos、pathos」，但是相當於亞里斯多德老師身分的蘇格拉底，強烈反對這種「用語言打動人心」的思考方式，他很了解沉溺在亞里斯多德主張的「修辭學」技術裡的危險性，所以我在這裡略微介紹一下。

歷史上第一個注意到「語言」在領導力上重要性的人，是柏拉圖，他也是另一位相當於亞里斯多德的老師的哲學家。柏拉圖在著作《費德羅篇》中，就「語言」對領導力的影響，展開徹底的研究。「費德羅」是蘇格拉底一位學生的名字，柏拉圖在《費德羅篇》這本書中，以老師蘇格拉底與費德羅虛構的爭論形式，討論領導者應該具有什麼樣的「語言力」。

在這場爭論當中，一方是亞里斯多德重視的修辭，也就是 rhetoric，另一個對立方，則是對話，dialogue。耐人尋味的是，在《費德羅篇》中，費德羅主張領導者必須具有辯論修辭的能力，而蘇格拉底則是批評這一點，主張只有對話才是通往真理的道路。為什麼蘇格拉底會這麼說呢？他說，修辭是「騙人的花招」，用巧語善辯來打動人心的技術，是在誤導人心。可知他是亞里斯多德「修辭學」的強烈反對者。的確，對了解希特勒魔法式演說力量的現代人來說，蘇格拉底的主張有其說服力，也因此蘇格拉底曉諭學生「領導不可以依賴修辭，因為那種東西不會通向真實之路。」但另一方的費德羅崇拜能言善辯的哲學家或政治家，所以反駁：「再怎麼說修辭還是很重要吧。」這本書就是由這樣持續的爭論所構成。

雖然結尾在費德羅被強行否定下結束，但是對我們來說，重點是柏拉圖自己，也坦白承認修辭具有「令人陶醉、打動人心的力量」。

不用說，身為組織的領導者，的確在某些場面需要讓跟隨者陶醉、亢奮。在那種狀況下，領導者能不能在了解它的危險性下運用它呢？暫且不管是非的問題，一般人還是要事先了解修辭的危險性比較好。亞里斯多德這個人在很多層面上，都與老師柏拉圖針鋒相對。對於老師提醒「有危險」的修辭學，他卻用了整整三卷的篇幅，寫成方法論，比老師的論述更精練，讓人覺得彷彿看到《星際大戰》歐比王與安納金的關係般傷感。

在日本，學校裡幾乎完全沒有練習演講的機會，所以也很少有機會學到亞里斯多德的《修辭學》。但是，在歐美社會的知識階層，演講有重要的社會功能，屬於必修的素養之一。我並不打算盲目讚頌歐美，但是位居領導者的，若能多了解亞里斯多德為打動人心需要「logos、ethos、pathos」的主張，以及過度運用所帶來的危險性，應該也沒有什麼損失吧。

02 預定論

——神並沒有說，只要努力就會有回報

約翰．喀爾文（Jean Calvin, 1509-1564）

法國籍的神學家，經常與馬丁．路德和烏利希．慈運理一同並列。基督教宗教改革初期的領導者，也是「長老派教會」的創始者。

眾所周知，十六世紀開始的宗教改革，是由馬丁．路德點燃的導火線。路德被天主教趕出教會，從東羅馬帝國被驅逐，但是他受到薩克森選帝侯的保護，因而更加投入神學研究。後來，路德的教義不但在德國，也傳播到歐洲全境。不久，醞釀成為一個大運動，稱為「新教」（Protestant）。Protestant 這個詞，現在雖然是極為普遍常用的名詞，但若對它重新檢視，它原本的意思是「提出異議」，也就是「反對、反抗」的意思。那麼它「反抗」的對象是誰呢？就是在思想上統治歐洲世界的羅馬

天主教會，所以這在當時真的是驚天動地的大事，路德走上時代舞台的方法實在非常激烈。

而這位路德仁兄提出的質問，對羅馬天主教會來說，非常「頭痛」。因為路德質疑的是贖罪券在神學上的意義，而贖罪券卻是當時教會一大財源。事實上，這個時期，羅馬天主教會內部，對贖罪券感到不妥的神學家也大有人在，只是一直擱置著，未能理出一個說法，因而仍在教皇帶頭的掌權者營造的「氣氛」強迫下賣起贖罪券。所以在這一層意義上，路德提出的質問，正好踩到羅馬天主教會的「痛腳」。

約翰．喀爾文承繼馬丁．路德「激進式」的吶喊，並修改得更加精練，賦予新教教義穩固的思想體系。這部思想體系後來成為資本主義、民主主義的基礎，發揮了影響整個世界史的力量。

那麼它的重點是什麼？想了解喀爾文的思想體系，最大的關鍵是「預定論」，預定論的思考模式是這樣的：

上帝已經預先決定了哪些人可以得救，一個人是否受到救贖，與在這世上有沒有行善積德完全沒有關係。

從非信仰者的角度來看，這個思想確實驚世駭俗，但是如果告訴你，這思想是代表人們不能靠當時惡名昭彰的贖罪券來獲得拯救，就茅塞頓開了。事實上，路德丟出的第一個問題，就是質疑這一點。但是，喀爾文的思想並不是這樣。他雖然認為當然救贖並不能靠贖罪券達成，但是喀爾文更主張「從事善行」或是「犯下罪行」本身，原本就無關緊要。

這是喀爾文自己獨創出來的思想嗎？不，並非如此。喀爾文是個研讀《聖經》文本比路德更徹底的人。那麼，《聖經》上有寫「預定論」嗎？唔——，翻開《聖經》確實可以看到，有幾個地方提到喀爾文的「預定論」。

舉例來說，《新約聖經》〈羅馬書〉第八章三十節寫道：「預先所定下的人又召他們來；所召來的人又稱他們為義；所稱為義的人又叫他們得榮耀。」如果翻讀《聖經》，到處都會出現「預先所定」這樣的詞句，就像關鍵字一樣。所以，若是按照字義閱讀文本，自然會出現「預定論」的思考方式。

但請各位特別注意一點，現在，認同預定論的教派屬於少數派，如果把它當成基督教普遍的教義，是不對的。例如，最大的教派羅馬天主教會，就在特利騰大公會議上，正式宣稱「預定論為異端」，其他像東方正教會也完全不能接受，循道宗則採用批判預定論的亞米紐斯主義（arminianism）。所以從這裡開始，請各位以新教中呈現的教義為中心，來解讀預定論。

這裡希望大家先思考的問題是，為什麼一個看似這麼沒有「利益」的教義，從進化論來說，沒有被淘汰，反被民眾所接納，後來還成為資本主義和民主主義的基礎呢？

根據預定論的說法，不論信仰多虔誠，或是累積了多少善行，都與那個人能不能獲得神的救贖「毫無關係」。這種思想，與我們一般對「動機」的認知，有很大的矛盾。按照慣常的想法，從「獎賞」與「努力」的關係來說，是因為有了「獎賞」的保證，才會產生「努力」的動機。但是，預定論認為「努力」不關緊要，神已經預先決定好得到與得不到「獎賞」的人。

如果將這套因果關係與佛教相比，就更突顯出預定論的異常。佛教重視因果律，全宇宙都受因果律的主宰，釋迦牟尼更是因為明白了因果律而悟道。釋迦牟尼將主宰全宇宙的因果律命名為「達摩（即法）」，當然，「達摩（即法）」在釋迦牟尼出生之前即已存在，也就是說在教祖之外，還存在著絕對的法，因而稱為「法前佛後」。

預定論與此完全相反，認為是神預定了世界萬物，因為是「預先，決定好」，所以不適用因果律。也就是說，新教教義是「神前法後」。對我們來說，因為受到佛教的影響，「因果報應」的思想天經地義，但是新教主義者並不這麼想。

那麼，我們可能會覺得，在「得救贖的人早已預先決定，與努力無關」的規則之下，人一定不想努力，變得行屍走肉吧。真是如此嗎？

有一個人認為「完全相反」，他叫做馬克斯·韋伯，後面章節談到的《新教倫理與資本主義精神》就是他的著作。馬克斯·韋伯就是在《新教倫理與資本主義精神》中，發展出喀爾文派預定論讓資本主義發達的理論。

如果完全不知能不能得救，在現世行善也沒有意義，人們只會陷入虛無的思想中吧。可能有人會採取戲劇性的態度，認為既然現世不論怎麼活下去，救贖都早已注定，不如耽溺享樂。當然這種人不是沒有，但是實際上，大多數人不會這麼想。

但韋伯的理論主張，「人們會認為，全能之神預先就決定要拯救的，是禁欲、從事天命（德語的“beruf”，這個單字也有『職業』的意思）並且成功的人。為了證明『自己才是被揀選得救的人』，所以會禁欲且勤奮工作。」

如果是個被淺薄理性主義荼毒的人，也許會覺得韋伯的這套主張有點像是詭辯。但是，學習心理學已經發現「預告的獎賞」會明顯讓動機減退，這也就暗示我們，「動機」不是被單純「努力→獎賞」的因果關係所驅使。

這正好給我們一個機會來思考，現在幾乎所有企業的人事制度，都運作得不太順利，幾乎可說是像鬧劇一樣。在人事考核的前提下，乍看「努力→結果→考核→獎賞」好像是極為合理而簡單的因果關係，但不知為什麼，過了幾十年，還是會發生不協調，沒辦法成為能運用順暢的完善制度。一般人事考核制度設計的思維——「努力的人得到回報，有成績的人得到回報」，目的也就是前述的「因果報應」。但是，實際上真的能達到這種期待嗎？許多人的看法都是否定的吧。不如說，在討論人事考核的結果之前，大家心裡都已經有譜，好像哪些人會升官升職「早就預定好了」的感覺。再者，如果否定因果報應的預定論對資本主義爆炸式的發展有貢獻，也許我們應該反過來思考，到底為什麼要花費莫大的程序和費用，去設計並運用「人事考核」呢？

哲學家內田樹說過一段話，在此引用作為本節的結尾。

只要自己努力，就可以確實地收到相對的獎賞。如果系統是這麼簡單，當然人就會勤奮工作。很多人都這麼想，翻開雇用問題的書，也大多都是這麼寫的。但是，我不這麼認為。如果勞動與獎賞在數值上的相關性呈現正比，人就不想工作了，因為既沒有驚奇也沒有喜悅了呀。

內田樹、中澤新一《日本的文脈》

03 白板

——沒有「與生俱來」這種事，人是憑著經驗形成現在的樣子

約翰．洛克（John Locke, 1632-1704）

英國哲學家，人稱英國經驗論之父。此外，他也是非常有名的政治哲學家。洛克在《政府論》等著作中主張自由主義式的政治思想，從理論上讓光榮革命正當化，其中提出的社會契約、抵抗權方面的思想，對後來美國獨立宣言、法國人權宣言造成很大的影響。此外，在政治學、法學方面，也大大影響了天賦人權、社會契約的形成，在經濟學上，也影響了古典派經濟學的形成。

白板（tabula rasa）在拉丁語中的意思是「空白無字的石板」。「tabula」就是tablet（平板）的語源。現在的人都知道約翰．洛克是開創經驗論的哲學家，可是他在大學中學的是醫學，也有留下解剖學相關的著作。洛克所提倡的「經驗論」，其實是他在當醫生的時候，從與許多嬰幼兒接觸的經驗中得到的靈感，因為他領悟到，

人出生時的心就像是「什麼都沒寫的石板（tabula rasa）」。

把洛克推斷出來的結論整理成一句話，那就是人類直接經由感覺得到的經驗，或間接從經驗中引導出來的要素，是我們理解現實世界，以及思索實際存在事物的根源，不論萬事萬物都一樣。不過，這個主張在我們現代人看起來，實在沒什麼稀奇。

若想更正確地理解一個人想說什麼，有時候，了解他否定什麼比他肯定什麼來得更重要。在哲學中，這種思考方式也很有效。

那麼，洛克否定了什麼呢？他否定的是兩位偉大哲學先賢的思想。

一位是笛卡兒。笛卡兒認為，自己對世界的理解，只要靠著純粹的思維和演繹就可以獲得，也就是說，不用仰賴經驗也能夠正確地認識世界，而洛克明確地否定了這一點。

另一位是柏拉圖。柏拉圖認為人一出生就擁有前世獲得的知識，這與他的理型論有關聯。洛克也明確地否定了這一點，他認為人類出生時就如同一張白紙，藉由經驗在紙上的描畫，才建立起對現實的知識或理解。

在現在來看，大家可能認為這種想法天經地義，但是洛克提出這個主張時，在社會上卻是劃時代的思想。因為，如果出生的時候，所有人的心靈狀態都是一張白紙，那麼人就沒有與生俱來的優劣之分。不論是貴族皇家的兄弟，還是工匠百姓的兒子，都沒有天賦的優劣差別。個人的素養全靠出生之後有過什麼樣的經驗來決定，這也是在說，人靠著教育便可以出人頭地。這種想法，特別是在法國，帶動了人人平等的信念形成，大眾藉由接受教育，將可以從社會的從屬狀態中解放。

再者，如果我們將「人類透過經驗和學習，就可以學會任何事」視為洛克主張的主題，那麼人生中每個階段都能夠套用這個理論。在人類壽命可能延長到一百歲的時代，「重新學習」也成了重要的論點。特別是今日科技日新月異的社會，學過的知識有一種立刻就舊了的傾向。考慮到這一點，我們能不能把自己的經驗歸零，讓頭腦回復到白板狀態？或即使歸零了，還可以寫入有意義的經驗或知識嗎？這些都成了現在的一大議題。

04 無名怨憤

——你的「妒忌」是我的商機

弗里德里希·尼采（Friedrich Wilhelm Nietzsche, 1844-1900）

德國的哲學家、古典文獻學者。是現代聞名的存在主義代表性思想家之一。儘管既沒有博士頭銜，也沒有教師資格，他卻在二十四歲就被招聘為巴塞爾大學古典文獻學的教授。但處女作《悲劇的誕生》不受學會青睞，再加上健康問題，辭去大學的工作之後，他一生一直是個業餘的哲學家。學界將尼采的文章視為德語散文的傑作，在德國，國語課本經常選用他的文章。

如果按哲學入門書的解說方式來說明無名怨憤（ressentiment），那就是「站在軟弱立場的人，對強者抱著羨妒、怨恨、嫌惡、自卑等交織的情感」。說得白話一點，就是「妒忌」。但是尼采所提出的無名怨憤這個概念，涵括的範圍稍微廣一點，也包含了我們不算在「妒忌」裡的感情或行動。

在伊索寓言裡有個「酸葡萄」的故事。故事大意是說，狐狸發現了令人垂涎欲滴的葡萄，但是費了九牛二虎之力，也搆不著它，不久狐狸便恨恨地說「那串葡萄一定是酸的，才不會有人想吃它呢」然後離開了。可以說這就是受無名怨憤所束縛的人所表現出來的典型反應。狐狸對那串搆不著的葡萄，不只是單純的不甘心，還把價值判斷顛倒過來——「那串葡萄是酸的」，藉此發洩情緒。尼采把這一點提出來作為問題，也就是說，我們很可能因為無名怨憤，而扭曲了原本的認知能力和判斷能力。

懷有無名怨憤的個人，會表現出以下兩種反應，來改善當下的狀況。

①隸屬、服膺造成無名怨憤原因的價值標準。

②顛倒造成無名怨憤原因的價值判斷。

這兩種反應，都會成為我們順心、豐富人生的一大阻礙，讓我們依序思索一下吧。

首先是第一項，被無名怨憤束縛的人，會在隸屬、服膺造成無名怨憤原因的價值標準下，試圖消除心中的怨憤。請想像一下這種狀況，周圍所有人都拿著高級名牌的皮包，只有自己沒有。這時候，當然有人會因為自己其實並不想要，而且也與自己的生活風格、價值觀不合，拒絕這個名牌包，但是，仍有不少比例的人，會買下同款的名牌包，藉此消解心中的無名怨憤。這種狀況並不只限於名牌奢侈品，例如在法拉利等所代表的名車或理查德．米勒所代表的高級手錶世界中，同樣也會發生。

我們可以認為，這些所謂高級品、名牌品為市場提供的好處，就是「消解無名怨憤」。懷抱無名怨憤的人，以購買這些名牌品、高級車，作為消解無名怨憤的所謂「記號」，所以，無名怨憤發生得愈多，市場規模也就愈見擴大。奢侈名牌與高級車，每年都會推出新款式或新車，如果你把它想成這是「因為無名怨憤隨時都在產生」就很容易明白了。無名怨憤沒有製造成本，所以，視運用的智慧和所花心思的多寡，再多也能生產得出來。那些廠商為可以無限生產的商品制定高價，所以不可能不賺錢。即使是物資充沛滿溢、已經呈飽和狀態的日本，奢侈品的業績還是大家都很暢旺。我們可以認為，這是因為他們一直能巧妙生產無名怨憤的關係。

有關「階級差別」，本書會在後面的章節討論，不過，現代人對於「平等」都有極為精密的「感知」，只要有一點點差別，很可能就會產生無名怨憤。而產生的無名怨憤，會藉由「符號購買」的形式消解，於是奢侈品牌或高級車市場的業績，在低成長的日本仍然能堅挺地向上推移。

但是，不用說也知道，用這種形式不斷消解無名怨憤，也很難活出「自己的人生」吧。無名怨憤是將自己的價值判斷，隸屬、服膺於社會共有的價值判斷而產生出來的。自己渴望什麼東西的時候，該渴望是根植於「純粹自我」產生的純粹渴望呢？還是因他者喚起的無名怨憤所驅使的呢？能否看清楚這一點十分重要。

前面指出了受無名怨憤束縛的人典型的反應之一——「隸屬、服膺於造成無名怨憤原因的價值標準」的危險性。接下來，我們再來思索一下第二個反應「顛倒造成無名怨憤原因的價值判斷」的危險性。尼采之所以提出無名怨憤，就是因為把第二種反應視為問題。尼采認為，懷著無名怨憤的人，大多數時候會放棄提起勇氣或採取行動來改善事態，所以他們會顛倒造成無名怨憤發生的價值基準，或是主張相反的價值判斷，藉此發洩情緒。

尼采以基督教為例解釋，他說，古羅馬時代，猶太人在羅馬帝國的統治下飽受貧困所苦，所以他們對擁有財富和權力的羅馬統治者，既羨慕又嫉妒。但是，他們很難改變現實，也很難升到高於羅馬人的地位。為了復仇，他們創造了上帝。意思就是說「羅馬人富有、我們貧窮、困苦，但是，只有我們才能進到天國，因為上帝討厭富人和掌權者，他們去不了天國。」尼采解釋，藉由創造出比羅馬人更偉大的虛構概念——神，顛倒「現實世界的強弱」，達成心理上的復仇。這種思想不是藉由努力或挑戰，去消解自卑感造成的無名怨憤，而是提出否定「強大他者」的價值觀，自我肯定，消除自卑感的根源。這種主張在現代的日本也隨處可見。

舉例來說，最典型的例子像是「我並不想去高級法式餐廳，只要去連鎖家庭餐廳就很滿足了」的想法。猛一聽到，也許會覺得這個想法四平八穩，沒什麼問題，但是絕不可以忽略，這個主張包含了一個明確的意圖，那就是故意顛倒「高級法式餐廳高尚，連鎖家庭餐廳低級」的價值判斷。

首先，自始至終根本不存在「高級法式餐廳」這種餐廳。在撰寫本書的時期，若翻開最新版《2018東京米其林指南》，其中介紹的法式餐廳，三星的有Quintessence、Joël Robuchon（侯布雄），二星的有L'Osier和Pierre Gagnaire等。但實際走進這些餐廳，就如同大家知道的，立刻就會發現這些餐廳推出的菜色和氣氛可說各有擅場。當然，有人會說「我喜歡Quintessence，但是侯布雄就比較……」，但是全部用「高級法式餐廳」來概括，就無法比較「好、壞」。

總之，「高級法式餐廳」這種餐廳，只存在於印象世界中，換句話說，它只不過是個抽象的符號。將抽象的符號與實際存在的餐廳進行比較，無法討論「喜歡或討厭」哪一種，所以從根本來說，這種比較考量完全是沒有意義的，那麼為什麼要提出這麼空虛的主張呢？因為在這背後隱藏著無名怨憤，想要顛倒「高級法式餐廳是規格高檔的餐廳，那裡的客人都有精緻的嗜好和品味」的一般價值觀，更直率地說，即「在高級法式餐廳吃飯的人都是成功人士」的價值判斷。提出這種主張的人，似乎對於自己未染上泡沫式價值觀的先見之明和理性，懷有孤芳自賞的心態。如果是那樣，他可以說「我沒怎麼去過高級法式餐廳，但連鎖餐廳也十分好吃哦」，甚至只說「我喜歡連鎖餐廳」也可以，沒有人會怪他。為什麼他不這麼說呢？理由很簡單，因為說了這種話，也無法消解他心中的無名怨憤。拿出「高級法式餐廳」這種只不過是抽象性符號的概念，與連鎖家庭餐廳比較價值之後，還細心地主張「自己喜歡後者」，表示「自己比喜歡前者的人更優越」才是他的主要目的吧。這與尼采主張「受無名怨憤束縛的人，會試圖顛倒造成無名怨憤的價值判斷」不謀而合。

我再補充尼采的指點，懷抱無名怨憤的人在言論和主張上，有堅持「逆轉源自無名怨憤之價值判斷」的傾向。

尼采自己舉《聖經》中「貧困的人是幸福的」，正是這段內容的典型例子。其他像是倡說「工人比資本家更優秀」的《共產黨宣言》，也許也可以歸類為這類的內容。從兩書在全球都爆炸性地普及來看，懷抱無名怨憤的人提出的價值顛倒的概念，也許可以說是一種殺手。

我個人愛讀《聖經》，對尼采的看法有多處不敢苟同，但是不能否認的，自古代以來，包含本書介紹的哲學家著作在內，許多殺手概念都在那個時代藏著極大的價值判斷反轉。我們必須辨別清楚，這種「價值判斷的反轉」，是單純根植於無名怨憤？還是根植於更崇高的問題意識。正因為如此，理解無名怨憤這種複雜情感，和它喚起的言行模式，乃是不可或缺的學養。

最後引用本書其他章節將會介紹的法蘭西斯．培根的一段話，作為本節的結束。

最好不要信任看上去蔑視財富的人。他們蔑視它只是因為無望得到財富，但是這種人一旦得到財富，沒有人會比他們更愛財了。

法蘭西斯·培根《培根隨筆》

05 人格面具

——我們都戴著「面具」活著

卡爾・古斯塔夫・榮格（Carl Gustav Jung, 1875-1961）

瑞士精神科醫師、心理學家。初期師事佛洛伊德，不久決裂。之後獨自研究開創了分析心理學（榮格心理學）。榮格的研究不只影響了心理學，也大大影響了人類學、考古學、文學、哲學和宗教研究。

人格，從它的定義來說，本來是一種短期不會有大幅變動的特質。心理學家榮格以人格面具，來解釋人格當中與外界接觸的部分。人格面具（persona）原本是指古典戲劇中，演員使用的「面具」。榮格解釋：「人格面具，是關於一個人在以什麼樣的姿態示人這一點上，在個人與社會團體之間的一種妥協。」也就是說，它是人為了保護真實的自己，而對外形成的「面具」。人們對實際妥協的範圍，並沒有太明確的意識，而總是圍繞在「哪部分是面具，哪部分是真實的臉」的問題打轉。

馬歇．馬叟是將默劇提升到藝術領域的表演家，被封為「沉默的詩人」，他曾經表演過一個小丑摘不掉自己臉上的面具十分困擾的故事。也許因為馬歇．馬叟的表演太逼真了，這個「臉上面具摘不下來」的故事，讓人感受到它隱藏著某些本質上的東西，令人背脊發涼。

還有萊翁卡瓦洛所寫的著名歌劇《丑角》，這部歌劇是根據義大利真實事件改編而成的。主角在劇中劇裡無法分辨演戲和現實，因而殺害了妻子。它和馬歇．馬叟的表演相反，訴說一個人本來應該戴著面具，卻不小心露出真實面貌的危險性。

「面具與真實面目的界線模糊不清」，這樣的主題之所以吸引我們，也許是因為我們都發現，人的自我和人格都非常脆弱，很有可能受到外界環境的影響而扭曲，或是曝露出想隱藏的潛意識吧。

就拿我自己來說，有段時期因為所屬組織的要求，必須戴上與自己人格特質不同的面具，後來回顧那段時間，真的是不太快樂的時期。私下與我熟稔的人，知道我非常平等、討厭階層或階級，是個理性的個人主義者，厭惡強調堅忍和情緒的極權主義。但是，當我進入一個階級意識非常強烈、追求軍隊式男子漢行動模式的公司，或是有效率地以要求堅忍及極權主義為優先的公司時，不得不說想保持自己的思想行動不受組織影響是十分困難的事。

最可怕的是，就算是自己做出「不像自己」的言行舉止，本人也渾然不覺。二十六、七歲時有次回老家，接到客戶打來的電話。母親聽到我的應對大驚失色。她吃驚的是「你說話的樣子完全不像你」。而我自己也對自己有這麼大的變化感到不可思議。多年後的現在，回想起來我可以了解，當時只是強迫自己在言行思想上披上「面具」罷了。但當時，直到母親提醒我之前，自己完全沒感覺。

如果照著這個脈絡思考，「自己」與「人格面具」的不一致，好像是件負面的事。但其實沒有那麼單純。人的人格有多面性，在某個場所戴著一個面具，到了別的場所，再換上別的人格面具，藉此保持人格的平衡，這也是人的真實面貌。人如果希望在某種程度上日子過得舒適快活，就需要一種或多種人格特質，然而某種科技的出現，讓它變得極為困難，那就是行動電話。

人在所屬的公司、學校、家庭、朋友關係、性虐待俱樂部、自治會等組織或社團中，有著各式各樣的立場和角色扮演，這些角色未必具有一貫的自我認同，白天繃起臉大聲喝斥、不留情面的管理層主管、晚上在新宿二丁目性虐待俱樂部，對變態表演流下喜悅的眼淚。從這裡面（乍看之下）很難找出共通的人格特質。但是，也可以用另一種想法來思考：正因為如此，社會才得已成立，不是嗎？

可以把立場、角色想成是穀倉來思考，穀倉應該要一個個直立沒有橫向的串聯比較好。有的人的穀倉是因為自己想蓋而蓋，有的人是在人生之中不知不覺建蓋起來。雖然人對自己擁有的穀倉未必全都能接受，但是整體來說，許多人可以靠著各種穀倉的組合維持人格的平衡。

但是，行動電話一問市，這些穀倉開始有了強烈的橫向串連，舉例來說，霸凌的行為，恐怕自古就已經存在。但是，到了現代，問題變得愈見嚴重，我認為原因出在孩子們不能區分學校和家庭兩個穀倉的關係。以前受霸凌的小孩，不論在學校遭受多痛苦的欺凌，只要回到家，不論在事實上或心理上，都可以暫時和學校保持距離。但是，有了行動電話這種虛擬的橫向串連，不容許被霸凌的孩子在心理上與學校這個穀倉分離。

這也是上班族愈來愈難分別運用家庭、職場、個人三種人格要素，（照榮格的說法）即「人格面具——persona」的原因。不論實際上待在什麼樣的空間，不論處於什麼樣的社會立場（例如：地方上釣魚社團的幹事、變態俱樂部的VIP客、灣岸之夜的帝王等），身為公司職員的面具與身為家庭成員的面具，都緊緊相隨。這麼一來，人類自古代以來的生存戰略——利用多個穀倉組合取得生活的平衡，就不能發揮功能了。我覺得這個問題比很多人所思考的更加嚴重。

如果朝著這個方向發展，結論很簡單，用穀倉組合取得平衡的戰略已經失靈了，所以不是把一個個穀倉拆除重建，就是逃離不太喜歡的穀倉、壓力值太高的穀倉。這個「逃亡」的關鍵字，在介紹德勒茲提倡的「偏執與精神分裂」中會再提到，而它是考慮今後人生策略時的重要關鍵字。

06 逃避自由

——自由伴隨著難耐的孤獨與沉痛的責任

埃里希．弗洛姆（Erich Fromm, 1900-1980）

出身德國的社會心理學家、精神分析師、哲學研究者。自一九三三年希特勒掌握政權之後，主要在美國活動。他讓佛洛伊德以後關於精神分析的學說，適用於整個社會情勢的分析。主要著作《逃避自由》揭露法西斯主義的心理學起源，提出了民主主義社會應該採用的處方箋。

生活在現代的我們，無條件地認為「自由」是好東西。但是，真正的「自由」真的那麼好嗎？埃里希．弗洛姆透過他的大作《逃避自由》，大大震撼了我們對「自由」的認識。

關於哲學或思想的名著中，很多「著作的書名」本身，就在概念上主張了內容，弗洛姆的《逃避自由》可以說與本書其他章節介紹的漢娜．鄂蘭《平凡的邪惡：艾希曼耶路撒冷大審紀實》同樣出色。

回頭再想想「逃避自由」這句話，會覺得它是個奇妙的措詞。我們一向的印象都認為是從「限制或束縛」中「逃走」，以獲得「自由」。彼得・方達與丹尼斯・霍柏主演的電影《逍遙騎士》（*Easy Rider*）正是這種印象的象徵，電影一開頭將手錶丟在馬路上的一幕就是個傳奇。但是，弗洛姆的書名卻是《逃避自由》，為什麼要從「自由」中「逃走」呢？弗洛姆的思索是這樣的：

歐洲人民是在十六世紀到十八世紀間，經歷過文藝復興和宗教改革之後，才從中世紀以來的封建制度中解放，至於日本，這則是明治維新之後的事。這個過程中，經歷了許多人的犧牲，民眾才獲得「自由」，也就是說，所謂的「自由」是用非常高的代價買到的東西。可是，人們得到了「昂貴的自由」之後，從此就得到幸福快樂了嗎？

弗洛姆探討這個問題時，他注意到在納粹德國發生的法西斯主義。現代人付出高昂代價才品嘗到「自由果實」，為什麼人們卻將它拋棄，反而對法西斯的極權主義那麼狂熱呢？「尖銳的思索」通常來自於「尖銳的質問」，弗洛姆對這個「問題」

的回答，也像一根刺尖銳地刺中我們。

自由伴隨著難以忍耐的孤獨和沉痛的責任。人類忍受著痛苦，不斷希求展露真正人性的自由，最後終於產生了人類最期待的社會。但是，伴隨著自由必然產生了代價，孤獨與責任如同尖刺般，它的沉重令多數人筋疲力盡，因而寧可拋棄付出高額代價得到的「自由」，選擇向納粹的極權主義傾斜。這便是弗洛姆的分析。

尤其是支持納粹的核心民眾，都是小商店老闆、工匠、白領勞工等組成的下層及中產階級，這一點必須特別注意。因為現在在日本推動「自由工作」的主要人士，也是這個階層的人。

弗洛姆又談到選擇逃避自由、盲從權威那群人的性格特性。弗洛姆說，歡迎納粹的中下階層人民，具有容易逃離自由的性格，有容易從自由的重擔中逃走，追求新依靠和附庸的性格，他取名為「權威主義式的性格」。據弗洛姆的說法，具有這種性格的人喜歡從屬於權威，另一方面「他們自己也希望成為權威，希望別人服從」。也就是說，這是種對在上者巴結，對下人擺威風的性格。弗洛姆說，正是這種權威主義式的性格，成為支持法西斯主義的基礎。

那麼，該怎麼辦呢？在《逃避自由》的最後，弗洛姆這麼回答，為了實現人的理想，個人的成長、幸福，重點在於自己要有獨立的思考、感受、說話，而不是隔離自我。進而，最不可缺少的是徹底肯定自己，擁有勇氣和堅強去捍衛「自己」。

而弗洛姆這些思索與探討，給我們生在現代的人什麼樣的啟示或洞見呢？在現代日本營生的人，將脫離企業或地區等束縛、活得自由自在奉為最高理想，對它深信不疑，並作為各項政策施行的前提。複業（parallel career）、改革勞動方式、第四次產業革命等，全部都是位在「自由、解放」——這條從中世紀到近世、從近世到現代綿長不斷的軌道上。

但是，我們若是不受組織或社團的束縛，讓立場更自由，真的能過出更幸福豐富的人生嗎？根據弗洛姆的分析來思考，這必須「依自我與素養的強度」來決定吧。我們並未經過訓練以承受自由加諸而來的重擔。那麼，怎麼辦？放棄追求自由，陷入極權主義的眾愚中嗎？的確，世界各地可以被視為這種潮流的現象正逐漸增多。還是說重新回到中世紀那種職業世襲、身分固定的世界呢？相信不少人也覺得那種社會比較自在吧。又或者培養出具有精神力和知識的人，讓他們能承受自由帶來的孤獨與責任，但同時也能活出自我的人生？選項很多，但可以確定的是，面臨選擇的人，既非過去也非未來，而是活在當下的我們。

07 獎賞
——愈不確定的，人愈容易著迷

伯爾赫斯・史金納（Burrhus Frederic Skinner, 1904-1990）

美國心理學家，行為心理學的創始者。提倡「強化理論」，認為自由意志是幻想，人的行為依賴過去行為的結果。

坐在電車上放眼望去，大概有半數的人都在滑手機，依筆者的經驗值概算，其中有半數應該都在玩社群媒體。當我暗自想著，這種景況下雜誌賣不出去也是難以挽回的事時，卻突然閃過一個念頭：「人為什麼會沉迷於社群媒體呢？」這個問題可以有千百種答案，這裡我們從「大腦獎賞」的概念來探討吧。

獎賞機制相關研究的創始者是史金納教授。在大學修過心理學的人，也許都聽過伯爾赫斯・史金納這個人。他就是發明著名的史金納箱——一種只要壓桿就會出現食物的機關，以研究老鼠會採取什麼行為的人。

史金納進行了一項實驗，設定以下四個條件，來觀察老鼠在哪個條件下最會按壓下桿子。

①與壓桿動作無關，在一定時間間隔給予食物，即固定時距。
②與壓桿動作無關，在不定期間隔給予食物，即變動時距。
③按下桿子，一定給予食物，即固定比例。
④按下桿子，不確定給予食物，即變動比例。

各位，你覺得答案是哪個呢？

根據史金納的實驗得知，壓桿次數從多到少的順序為④→③→②→①。對於這個結果，各位要特別注意的是「壓下④號桿，不確定給予食物」的條件，比「壓下③號桿，一定給予食物」更能讓老鼠產生動機。這個結果，從我們認為「應有的獎賞機制」來看，好像有些不太對勁。

這個實驗是有關「行為的增強」，指的是不確定該行為會獲得獎賞，比一定會得到獎賞時，更能有效增加該行為。

反之，如果把這個實驗結果套用在人的身上來思考，就會知道「愈不確定的事物愈容易著迷」的生理傾向，可以運用在社會的各個層面上。

首先，最容易理解的是賭博。不論是拉斯維加斯的吃角子老虎，還是日本的柏青哥，都是變動機率給予獎賞的機制，為它著迷的人絡繹不絕。

數年前，在日本引發社會問題的「抽卡遊戲」[1]，也是靠變動比例推出稀有卡片的機制，所以說，在這個領域中，開發各種遊戲的設計師，對人性洞察的敏銳度實在令人不寒而慄。

最後想到的是推特、臉書等社群媒體。也許很多人聽到「社群媒體是獎賞機制」，會不太相信，因為吃角子老虎或柏青哥都有金錢或禮品等獎賞，但是社群媒體哪有什麼獎賞呢？對於這個疑問，確實，社群媒體並不會給予金錢性的獎賞。社群媒體

[1] 譯注：在手機購買虛擬扭蛋的電子遊戲，可以充值購買虛擬貨幣，再用它購買。抽選出不同圖案的卡片，集全所有的圖案，就能得到稀有圖卡。

給人的獎賞是多巴胺。

一回過神發現自己老在看推特或臉書，一出現電子郵件的收信通知，就忍不住想打開看看。這種行為就是多巴胺的作用造成的。多巴胺最早是在一九五八年，由瑞典國家心臟研究所的阿維德・卡爾森（Arvid Carlsson）與尼爾斯・歐卡・希拉普（Nils-Åke Hillarp）發現的一種物質。

長年以來，人們一直以為多巴胺是快樂物質。但是，根據最近的研究得知，多巴胺的效果不只是讓人感到快樂，而是讓人想要追尋、渴望、探尋。多巴胺驅動的是興奮、積極性、朝著目標行動等，它的對象不只限於對食物、異性等物質上的欲望，還包含抽象概念，也就是絕妙的創意或新的見識。

另外，最近的研究還發現，類鴉片（opioid）與快樂的關係，比多巴胺更高。根據劍橋大學的研究，這兩個機制——欲望機制的多巴胺與快樂機制的類鴉片，有互補的作用。總之，它們的作用就像操控人體的引擎和煞車。欲望機制的多巴胺促使人採取特定的行為，當快樂機制的類鴉片感到滿足，就停止追尋行為。

這裡重點來了。一般來說，欲望機制運作得比快樂機制強，所以很多人經常感受到某種欲望，而被驅策展開追尋的行為。

當人在面臨無法預測的事時，會刺激多巴胺系統，無法預測的事，也就是史金納箱的實驗條件④。

推特、臉書、電子郵件都是無法預測的，這些媒體靠著變動比例在運作，所以增強行為（反覆一再打開它）的效果也非常強。

為什麼會沉迷於社群媒體呢？近年學習理論的知識給我們的答案是：「因為無法預測」。

08 介入
──創造人生，把它當作「藝術作品」吧

尚・保羅・沙特（Jean-Paul Sartre, 1905-1980）

法國哲學家、小說家、劇作家。他的同居人是西蒙波娃，右眼有深度斜視，一九七三年因為過度使用左眼閱讀書寫，最終失明。是第一位自己主動拒絕接受諾貝爾獎的人。

說到沙特，就不能不提到「存在主義」。那麼，「存在主義」是什麼呢？在本書一開頭曾經提到，哲學家主要探討兩個問題，一是「How的問題」──「人應該如何活著？」二是「What的問題」──「世界是怎麼形成的？」存在主義簡單的說，就是重視「我們應該如何活著？」的「How的問題」。

那麼，沙特對這個「問題」，是怎麼回答的呢？他說：「engagement」，這個詞

一聽，各位可能會以為是什麼高尚的哲學用語，其實不是，它與英文的engagement相同拼法，但微妙的差異在於，它指的是「以主體性參與相關之事」，那麼，要參與什麼呢？沙特說，有兩點。

一是我們自己個人的行動。生活在現代民主主義社會中，我們被賦予主體性，擁有選擇自己行為的自由，因此，我們對「要做什麼」或「不做什麼」等意願的決定，都必須自己負責。本書在埃里希・弗洛姆一節中，已經探討了「自由的辛苦」，而在沙特的存在主義中，也給「自由」定位為「沉重的東西」。沙特指著它說：「人類被處以自由之刑。」

進而，沙特主張，我們不但對「自己的行為」有責任，也對這個世界有責任。藉由介入而參與的第二個對象，就是「世界」，沙特說，我們運用自己的能力與時間……意即「整個人生」，試圖去實現某個「計畫」，我們必須接受自己身上發生的所有事，把它當成「計畫」的一部分。

沙特甚至說：「人的一生中，不存在所謂的『偶發事件』」，他舉戰爭為例。把戰爭當成人生外部發生的事件，這種想法是錯誤的。戰爭必須成為「我的戰爭」。

因為我明明可以投身反戰運動，明明可以拒絕服兵役逃走，明明可以用自殺抗議戰爭，但是我卻因為在意面子，或是膽怯，而沒有做那些事，又或者因為抱持著想保護家庭、國家的主體性意志，而「接納」了這場戰爭。既然所有的事都可以做，我卻沒有做，而且接受了它，那戰爭就是你的選擇……這段指責真的是十分嚴厲，這就是沙特所說「被處以自由之刑」。

我們一般習慣於把外部的現實與自己當成兩個不同個體來思考，但沙特否定這種思考方式。外部的現實是因為我們的運作（或缺乏運作）才成為「那樣的現實」，所以外部的現實是「我的一部分」，我是「外部現實的一部分」，兩者是不可分割的。正因為如此，介入（engagement）——將該現實當作「自己的事」，有主體性地試圖將它變好的態度才會那麼重要。

不過，實際上又是如何呢？沙特的逆耳忠告對生活在現在日本的我們來說，顯得太過嚴厲了。沙特指出，儘管在清楚認知我們的目標是在自己的存在與自由（可選擇範圍的擴張）之下，認同它的價值，許多人卻不行使自由，寧願發揮「愚直精神」，按照社會或組織的命令行動。明明可以自由選擇就職單位，卻受不了這種「自由」，只去就職熱門排行前幾名的公司工作。這就是典型的「愚直精神」。

世人所說的「成功」，意味著聽從社會或組織的命令行事，達成別人期待的成果。但沙特判斷「那種成功一點都不重要」，他提醒擁有自由，不是去獲取社會或組織期待的成果，而是自己可以決定如何選擇。

沙特的這個主張，我在前一本書《美意識：為什麼商界菁英都在培養「美感」？》中介紹過，而且這也與現代藝術家約瑟夫．波伊斯（Joseph Beuys）的「社會雕刻」概念不謀而合。波伊斯認為，我們是集合起來，參與製造「世界」這個作品的藝術家，正因為如此，我們每天應該對世界懷抱著願景過日子。而沙特則說，只有完全自由地把自己的人生當作藝術作品來創造，不要依據眼前的組織、社會強塞的尺度陷入自我欺騙，才有可能領悟到自己真正的潛力。

09 平凡的邪惡

——壞事是停止思考的「平凡人」幹出來的

漢娜・鄂蘭（Hannah Arendt, 1906-1975）

美國的政治學家、評論家、政治思想家、哲學家。她是生於德國的猶太人，在納粹政權成立後流亡巴黎，後來又逃到美國，成為芝加哥大學教授，研究主要分析納粹與史達林主義等極權主義國家的歷史定位與意義，探討現代社會的精神危機。鄂蘭的著作有《極權主義的起源》、《人的境況》、《平凡的邪惡：艾希曼耶路撒冷大審紀實》。

在納粹德國屠殺猶太人的計畫中，為了「處理」六百萬猶太人，阿道夫・艾希曼主導了一套有效率的系統與營運。一九六〇年，他在阿根廷過著逃亡生活時，遭到以色列的祕密情報機構「摩薩德」非法逮捕，送到耶路撒冷接受審判、處刑。

當時，相關者看到艾希曼被捕時的模樣都大受震撼。因為他實在太像「普通人」

了，帶走艾希曼的摩薩德特務對艾希曼的側寫是「納粹黨衛軍中校，指揮猶太人屠殺計畫的首領」，因此會想像他是個「冷酷頑強的日耳曼戰士」，但實際上他卻是個子矮小又軟弱的普通人。不過，審判一一揭露了這個「外貌軟弱的人」犯下的種種罪行。

哲學家漢娜．鄂蘭也去旁聽這場審判，並且把現場的狀況寫成書。這本書的主題簡單明瞭，就是《耶路撒冷的艾希曼》（*Eichmann in Jerusalem: A Report on the Banality of Evil*），問題是它的副標。鄂蘭為這本書訂的副標題是「關於平凡的邪惡的報告」❷，「平凡的邪惡」……這個副標不覺得很奇妙嗎？通常所謂的「惡」都是與「善」對立的概念，兩者都位於常態分布中相當於最大值和最小值的兩端。但是鄂蘭在這裡卻用了「平凡」二字。「平凡」的意思就是「日常而平淡」，所以套用在常態分布的概念裡，就是位在頻度最高值或中央值，和我們一般認為的位置大異其趣。

鄂蘭在這裡的目的，是想要震撼我們對「惡」所抱持的「絕不普通，有些特別」的認知。艾希曼對猶太民族既無仇恨，對歐洲大陸也沒有攻擊野心，只是單純為了

❷ 譯注：中文譯本的書名為《平凡的邪惡：艾希曼耶路撒冷大審紀實》。

想在納粹黨中出人頭地，竭盡全力完成所交付的任務，最終犯下這麼可怕的罪行。鄂蘭旁聽了他犯罪的梗概，做了這樣的總結說：

「邪惡，乃是無是非判斷地接受體制。」

此外，鄂蘭更用上「平凡」這個字，敲響警鐘告知世人，「我們任何人都可能犯下，這個無是非判斷接受體制的邪惡」。

換個別的說法，通常一般人都認為「邪惡」是意圖行惡的主體主動犯下的行為。但是鄂蘭指出，也許「邪惡」的本質並不存在於有目的的進行，而是被動地執行。

我們平時當然遵照所屬的體系，經營自己的日常生活，在體系中工作、玩樂、思考。但是有多少人會對體系的危險性抱著批判的態度呢？或至少曾經拉開一點距離，在遠處審視它呢？對於這一點，大家卻沒什麼把握。

因為包含我自己在內，與其思考現行體系帶來的弊害，大多數人寧願花更多心思在識破體系的規則，以在其中「脫穎而出」。但是，回頭看看過去的歷史，每段時代總是會用更好的體系，取代原先主宰舊時代的體系，世界也因此得以進化。所以，現在我們遵從的體系，或許有一天也會被更好的體系所取代。

如果以這種方式來思考，世界上會有兩種終極的生存方式。

①在現行體系的前提下，將思考或行為集中在如何在體系中「脫穎而出」的生存方式。

②不將現行體系作為前提，將思考或行為集中在如何將體系變得更好的生存方式。

可惜的是，大多數人都選擇了上述①的生存方式。看看書店的商業書專櫃就知道，那些號稱暢銷書的書籍，全都是依循上述①的論點書寫而成的。

這些所謂的暢銷書，大多是由現行體系中「經營成功，賺了大錢的人」所寫的，所以也就是說體系本身正利用讓人們讀這些書，學會同樣的思考模式、行為模式，達成自我增值／自我強化的任務。但是，繼續維持這樣的體系，真的比較好嗎？

回到原來的主題，漢娜・鄂蘭提倡的「平凡的邪惡」是解說二十世紀政治哲學時非常重要的觀點。人類史上極致的惡行，並不是剛好出現的「邪門歪道」製造出來的產物，而是停止思索，只曉得跟隨體系，如同倉鼠跑滾輪般執著的小雜役所引發的──這個論點一出，給當時造成極大的衝擊。

平庸的人類才會成為窮凶極惡的大魔頭，也就是說一旦放棄「自己思考」，任何人都有可能成為艾希曼那樣的人。對這個可能性，光想都覺得可怕。但是，鄂蘭想說的是，正因為如此，人更應該看清這種可能性，不可停止思考。一般人也有可能變成惡魔，如何區分兩者，只有「對體系進行批判性思考」一途。

10 自我實現的人

——成功自我實現的人，其實「人脈」並不廣

亞伯拉罕．馬斯洛（Abraham Harold Maslow, 1908-1970）

美國心理學家，提倡人本主義心理學，在以理解精神病理為目的的精神分析，與不區別人類與動物的行為主義心理學之間，成為所謂的「第三勢力」。他的「需求層次理論」主張人的需求有分層次，是最廣為人知的理論。

想必很多人已經知道馬斯洛的需求層次理論，簡單地說，馬斯洛將人的需求結構，分成五個層次。

第一層：生理需求（physiological needs）

第二層：安全需求（safety needs）

第三層：社交需求（social needs / love and belongingness needs）
第四層：尊嚴需求（esteem needs）
第五層：自我實現需求（self - actualization needs）

馬斯洛的需求層次理論，雖然感覺上很熟悉，而且幾乎是爆炸式地普及開來，但是並未在實證實驗上得出可以說明這種假設的結果，所以一直都是學院派心理學界很難處理的概念。馬斯洛本人似乎是認為，這些需求是有層次的，較低層次的欲望被滿足後，就會產生對較高一層次的欲望。可是提出者本身的說法也相當混亂，像是後來也又修正了這種思想。

事實也是如此，有不少成功人士在功成名就之後，就耽溺在性愛或藥物之中。在這個框架中，性愛這件事，就一般解釋的話，屬於第一層次的「生理需求」，所以馬斯洛當初主張「需求的等級」會循序漸進不逆反地上升，這個假說稍微想一下就知道有錯。聽我這麼說，也許會有人反駁「不對，它和馬斯洛所說的『生理需求』的意義不一樣。」不過，原本馬斯洛自己從一開始就對「需求的定義」曖昧不明，在時間軸上也有動搖之處，所以，這種爭論沒有什麼意義。從本書其他章節說明的實用主義角度來看，與其探討馬斯洛需求層次論的正確解釋，不如想想它在自己的人生中有什麼幫助來得更重要。

正在讀這本書的各位，可能對需求層次理論已經有了相當的了解，所以這裡就不再深入講解它的概念，我想來談談馬斯洛另一門有關「自我實現」的研究。

馬斯洛透過他認為已經實現需求層次論最頂端「自我實現」的諸多歷史人物，以及當時還在世上的愛因斯坦和其他人物事例研究中，舉出「完成自我實現者的十五個特徵」。

①更有效的感知現實，與現實保有更和諧的關係

不基於願望、欲望、不安、恐怖、樂觀主義、悲觀主義等進行預測，對未知或混沌不明的事物，既不膽怯也不驚奇，甚至可以說喜歡。

②包容（自己、他者、自然）

可以接受人性的弱點、罪孽、軟弱、邪惡等，如同完全無條件接受大自然原始的

樣貌。

③自發性、單純、自然

行為、思想、衝動等都是自發性的，行為特徵是單純、自然，不會擺架子，或因追求效果而緊張。

④就事論事

關心哲學、倫理的基本問題，生活在寬廣的參考架構中，不會見樹不見林，以廣泛、普遍、整個世紀的價值框架在工作。

⑤超越性——隱私的需求

即使獨處也不會受傷、徬徨，喜歡孤獨和隱私。這種超越性，有時從一般人來看，會把它解釋成冷淡、缺乏愛、沒有友誼、敵意等。

⑥自律性——獨立於文化、環境之外，有自我意志、主動的人

保持相對於現實環境或社會環境的獨立性，不需要依賴外部獲得的愛或安全感來得到滿足，依賴自己的可能性和潛力，尋求自己的發展與成長。

⑦永不衰退的欣賞力

能夠永遠用新鮮、純真、敬畏、驚奇、醉心的心情，去認識、品味人生的基本事物。

⑧神祕的經驗——至高體驗

擁有神祕的體驗，並且深深相信，隨著醉心、驚奇、敬畏的感覺，同時也會發生某件具有無以倫比重要價值的事。

⑨共同社會情感

即使對其他人偶爾會感到憤怒、煩躁、厭惡，但是依然具有仁愛、同情、愛心，衷心期盼能幫助人類。

⑩人際關係

心胸寬闊，與他人保持深刻的關係。尤其能與少數人有著深厚的情誼。這需要花相當的時間，與自我實現的關係非常密切。

⑪民主性格結構

具有最深遠意義的民主性。不在乎階級、教育程度、政治信念、人種、膚色等，只要是性格真誠的人，都能與之親近。

⑫明辨手段與目的、明辨善惡

非常有倫理性，保有明確的道德標準。行正道，不做錯事，能夠明確分辨手段和目的，重視目的更勝於手段。

⑬具有富哲理而不帶敵意的幽默感

有敵意的幽默、表現優越感的幽默、對抗權威的幽默，並不好笑。完全自我實現者視為幽默的事，富有哲理。

⑭創造性

具有特殊的創造性、獨創性及發明的才能。這種創造性相當於健康孩童的天真爛漫和普遍的創造性。

⑮反抗文化的束縛

完成自我實現的人雖然會運用各種方法在文化中出類拔萃，但是在極深遠的層次上，他們反抗文化的束縛。他們遵從自己的規矩，而非社會的規矩。

上述每一項主張都有著深遠的涵義，讓人感覺是個反省自我價值的好機會。光是把這一條條特徵拿出來探討，就能夠寫成一本書。這裡特別想列舉出來的是「⑤超越性——隱私的需求」與「⑩人際關係」，從這兩個項目中可以知道，馬斯洛認為「自我實現的人」較為孤僻，沒有寬廣的「人脈」。這與我們一向認為所謂的「成功人士」形象，好像相當不同。

我們一般的想法都傾向於朋友愈多愈好，的確，朋友熟人的人數愈多，工作上呼朋引伴一起做，或者需要幫忙的時候，好像會比較容易。正因為如此，大家在臉書上的朋友或推特的跟隨者，也都認為「愈多愈好」。但是據馬斯洛的研究，「自我實現的人」乃是成功人士中的佼佼者，他們大多較為孤僻，而且只和極少數人建立深厚關係。馬斯洛的這個發現，也許給我們一個機會，再次思考因為社群媒體出現而日漸「變薄變廣」的人際關係。

其實過去的哲人也提出過同樣的主張，像《莊子》的〈山木篇〉中有「君子之交淡若水，小人之交甘若醴」的話。醴是黏稠的甜飲，類似甜酒。換言之，莊子說的是與不懂事理的小人物交往，如糖汁般黏膩；反之，與君子交往，就如同清水般爽快。

《莊子》中繼續提到：「君子淡以親，小人甘以絕。彼無故以合者，則無故以離。」意思是君子交友因為淡泊，才能長久；小人交友雖甘甜，但易斷絕。無緣無故，只是因為「想在一起就在一起」的交往，很快也會結束。這段話意譯起來，大概就是這個意思。

小人的交往乃是「無故而立」，這裡面缺乏自立。也就是說，彼此處在互相依賴的狀況，黏稠緊密，無法抽離出來。心理學上，將這種狀況整理為「共依存」的概念。

共依存原本是指學者屢屢觀察到酒精中毒患者依賴夥伴，同時被依賴的夥伴也經過照顧患者的行為，找到自己存在價值的狀態，是一種照護現場衍生的概念。這裡的重點在於，觀察報告發現共依存中隱藏著自我中心主義，酒精中毒患者與他的照護者在無意識間理解到，酒精中毒是維繫他們關係的重要連繫，因此，會試圖阻礙有助酒精中毒治癒的活動，或是患者自立的機會。

表面上是抱著「為他人好」的名義，自己理智上也有這樣的自覺，但其實心裡藏著印證自我存在的需求。這就是共依存的關係。

回到原先的話題，我們「廣大而淡薄」的人際關係，是不是也會變成這樣呢？馬斯洛「成就自我實現的人，只與極少數人建立深厚關係」的說法，是不是也在暗示我們應該是思考「人際網絡狀況」的時候了呢？

11 認知失調

——人是一種為了將自己的行為合理化，不惜改變意識的生物

利昂．費斯汀格（Leon Festinger, 1919-1989）

美國心理學家，師事社會心理學之父科特．勒溫（Kurt Zadek Lewin），因提倡認知失調理論與社會比較理論著稱。曾在愛荷華大學、羅徹斯特大學、麻省理工學院、明尼蘇達大學、密西根大學、史丹佛大學任教。

日語的「洗腦」直譯自英語的「brainwashing」，英語的「brainwashing」則是直譯自中文的「洗腦」。這個用語首次出現在美國中央情報局CIA，就韓戰戰俘收容所進行的思想改造而寫的報告書中，後來新聞記者愛德華．亨特（Edward Hunter），寫了一本關於中國共產黨洗腦技術的書，之後這個用語就廣為人知。

韓戰發生時，美軍當局對多數被俘虜的美軍，在短時間內被共產主義洗腦的事態十分不解。今日我們已經知道，當時中國共產黨使用了洗腦的技術。

我們常認為如果想改變某人的思想、信條或是意識形態，一般都會以強烈的反駁來說服，或者要嚴刑拷打，否則很難達到目的。但是，中國實際在進行的完全不是那回事。他們命令俘虜來的美軍簡單寫下「共產主義也有優點」的筆記，然後送給他們香菸或點心等微不足道的東西作為獎賞。光是這樣，美軍俘虜便一一倒戈投效共產主義了。

你一定會覺得，這種洗腦手法超出我們的常識太遠了吧。送獎賞來改變思想和信條，也就是說是「用賄賂來收買思想、信條」的意思，所以，照理說，沒有高額的獎賞，就沒有效果才對。在歌德的歌劇《浮士德》中，浮士德博士與魔鬼梅菲斯特訂下盟約，以死後「靈魂的順服」為條件，獲得現世「人生一切的快樂」。「靈魂的順服」就等於是出賣思想、信條的意思，所以，必須得到「現世人生一切快樂」的獎賞才划算吧。但是，美軍俘虜只得到香菸或點心，就改變了思想、信條。這究竟是怎麼回事呢？

這個令人困惑的故事，可以用認知失調理論來說明。依循認知失調的理論框架，我們來猜想一下美軍俘虜經歷了什麼樣的心理歷程吧。一開始他們生長在美國，視共產主義為仇敵，被俘虜了之後，天天抄寫著擁護共產主義的字句。如果這個時候遞出奢華的獎賞，他們會認為「我是為了奢華獎賞，不得已才抄寫那些字句」的，用這個想法化解「抄寫違反思想、信條字句」的壓力。但是，他們實際得到的只不過是香菸、點心等小小的獎賞。這樣一來，便無法藉此化解「抄寫違反思想、信條字句」的壓力。造成他們壓力的源頭在於「共產主義是敵人」的信條，這一點和「抄寫擁護共產主義字句」的行為之間，發生了「失調」，為了化解這種失調，有一邊必須改變。「抄寫擁護共產主義字句」是事實，無法變更。能夠改變的，只有「共產主義是敵人」這個信條，因此只要將這個信條改變為「共產主義雖然是敵人，但還是有幾個優點」，就能讓「行為」與「信條」之間發生的失調等級下降。這就是美軍俘虜腦內發生的洗腦歷程。利昂・費斯汀格提出認知失調理論，是在韓戰結束之後的事，所以中國共產黨是獨自研發出這套洗腦理論的，他們對「人本性的洞察」著實令人吃驚。

我們認為是「意志在決定行動」，但認知失調理論提示我們，實際上，因果關係是倒過來的。我們受外部環境的影響，引發了行為，意志在之後才去吻合發生的行為，也就是說是往前回推而形成。總之，人並不是「合理性的生物」，而是在事後「合理化的生物」，這就是費斯汀格的回答。

費斯汀格關於認知失調理論，進行了以下的實驗。費斯汀格先讓受試者進行長時間乏味無聊的作業，之後對他們說：「實驗結束了，今天助理休假，所以，請叫下面的參加者進來，記得告訴他們，這個實驗非常有趣。」簡單地說，就是要他們「說謊」。實際上下一個受試者是暗樁，負責檢查受試者是否按照吩咐說謊。最後，受試者在問卷上記下對作業的印象後，實驗結束。

實驗也對參加者設定了兩個條件。條件一的小組，受試者可領取二十美元，作為參加的獎賞。條件二的小組，只能拿到一美元。結果，猜猜看會有什麼樣的結果。

參加者「作業真無聊」的認知，與「非常有趣」的謊言對立，所以這裡產生了認知失調，已經說謊的事實不能否定，所以，為了減輕失調，只能改變「作業真無聊」的認知。

這時候，獎賞高的話，失調會變小，即使是討厭的事，但只要當作為獎賞做就行了。但是，獎賞少的時候，就很難把說謊正當化，所以，改變「作業真無聊」認知的誘因就增強了。

最終的結果就如費斯汀格的假設，拿到小額獎賞的第二小組，回答「作業很快樂」的比例比較高。我們通常會認為，拜託別人做事的時候，付出較高的酬勞，對方會做得比較愉快。但是，從費斯汀格這項認知失調的實驗結果可知，並不是如此。

事實與認知之間發生失調，為了化解它，所以改變認知。這在人際關係上是很常見的行為。常常聽說女生對某個男生並不喜歡，卻因為對方常常厚臉皮要求她幫忙，最後漸漸喜歡上他的故事。這也是認知失調作的祟，「並不喜歡」的認知與「幫忙這個那個」的事實發生了失調，但是「幫忙這個那個」的事實不能改變，所以，為了化解失調，將「並不喜歡」的心情，改變成「也許稍微有好感」的話，心理上會比較輕鬆。於是乎，女子對旁若無人、大剌剌使喚她的男子，剛開始會覺得有些困擾，過了一段時間後，也就墜入情網了。

我們相信，是思想受到周圍的影響而改變，最後行為才產生了變化，人有自律性，是主體性的生物，由意識在主宰行動。但是，費斯汀格顛覆了這種對人性的理解，真實的情況下，人是在社會壓力下引發了行為，為了讓行為正當化、合理化，而讓意識或感情去迎合適應的動物。

12 服從權威

——人在團體裡從事某件事時，個人的良心便難以發揮作用

斯坦利·米爾格倫（Stanley Milgram, 1933-1984）

美國社會心理學家，以進行服從權威的實驗「艾希曼實驗」而廣為人知。世人視他為社會心理學歷史上最重要的人物之一。

我們一般都認為人有自由意志，各人的行為都來自於意志。但是，真是如此嗎？米爾格倫丟出這個疑問。在探討這個問題之際，我們先來介紹米爾格倫做過的「艾希曼實驗」，它可能是社會心理學上最有名的實驗了。只要在通識課程修過心理學學分的的人，就算忘了絕大多數課程內容，也還是有不少人記得這個實驗。具體的內容是這樣的：

他在報上登出廣告，廣泛招募民眾參加「有關學習與記憶的實驗」，然後從看

到廣告來應徵的人中，選出兩名受試者與穿著白袍的實驗負責人（米爾格倫的助理）參加實驗。先請兩名受試者抽籤，其中一人扮演「老師」角色，另一人擔任「學生」角色。學生要背下單字的組合，接受實驗。如果學生答題錯誤，扮老師的人，就要施以電擊作為處罰。

抽籤決定角色之後，全體一起進入實驗室。房間中設置了一張電椅，把學生綁在電椅上。學生的兩手各別固定在電極上，確定他不能動彈之後，扮老師的回到先前的房間，坐在電擊產生器前。這個裝置上有三十個按鈕，第一個按鈕從十五伏特開始，每個按鈕會增加十五伏特的電壓……總之，按下最後一個按鈕時，會產生四百五十伏特的高壓電流。每次答錯時，穿白袍的實驗負責人就會指示老師提高十五伏特的電壓。

實驗開始，學生與老師透過對講機對話。學生不時答錯，所以電擊的電壓慢慢升高，到達七十五伏特時，剛才還若無其事的學生，開始發出呻吟。電擊到達一百二十伏特時，他開始哀號：「啊，好痛。電力太強了。」但是實驗繼續進行。不久，電壓來到了一百五十伏特，學生大叫著：「不行了，讓我出去，停止實驗，我受不了了。

我拒絕實驗，救命！」電壓到達二百七十伏特，扮學生的人發出淒厲的叫聲，三百伏特時，他只能一味叫著「不要再問了，我不回答了！快讓我出去！我的心臟快受不了了。」對問題不再作答。

穿白袍的實驗負責人在這種狀況下，依然面不改色的指示「等個幾秒鐘，若是再不回答，就當他答錯，電擊他。」實驗繼續進行，電壓到達三百四十五伏特時，已聽不到學生的聲音。剛才還一直尖叫，但這次一點兒反應也沒有。難道是暈過去了，還是……但是，白袍的實驗負責人毫不留情，繼續指示對他進行高電壓的電擊。

這個實驗中，學生一角是預先設定好的暗樁。他們在籤上動過手腳，暗樁永遠抽到學生，召募進來的一般民眾，都會扮演老師一角。電擊並沒有發生，而是設計用預先錄音的演技，從對講機裡播放出來。但是，受試者並不知道這個內情，對他來說，整段過程就是現實。但對只有一面之緣，完全無辜的人，進行拷問，甚至還有可能殺了他，這現實也太殘酷了。

好了，如果各位讀者站在這位受試者「老師」的立場，會在什麼時候拒絕協助實驗呢？米爾格倫的實驗裡，四十名受試者當中，有二十六名，相當於六五%的人，對（呈現）痛苦、尖叫、最後暈死的學生，施以最高四百五十伏特的電擊。這種作為不論怎麼看都慘無人道，但是這麼多的人雖然有些掙扎和抗拒感，但還是繼續實驗，到達明顯有可能造成生命危險的等級。

為什麼這麼多人持續實驗直到最後呢？可以想得到的一個假設是，他們把責任轉嫁給下命令的白袍實驗負責人，認為「自己只不過是命令的執行者」。實際上，許多扮演老師的受試者，在實驗過程中都表現出遲疑或掙扎，但是，一旦穿白袍的實驗負責人說，有任何問題，學校會負起全部責任，他們就放心地繼續實驗了。

但「自己擁有權限，是照自己的意志動手」這種感覺的強度在參與非人道行為時，會造成決定性的影響嗎？米爾格倫為了讓假設更明確，又進行了進一步實驗，他讓老師扮演者增加到兩人，一個負責按按鈕，另一人負責判斷答案的對錯，並念出電壓的數字。其中，負責按按鈕的人是暗樁，所以，真正受試者的任務只有「判斷回答的對錯，讀出電擊時電壓的數字」而已。也就是說，受試者對實驗進行的參與度，比第一個實驗更少。結果，四十名受試者中，有三十七人持續實驗到最高四百五十伏特，也就是說比例升高到九三％，驗證了米爾格倫的假設。

這個結果，意味著當責任愈難轉嫁時，服從率會愈下降。舉例來說，將穿白袍的實驗負責人增加到兩人，實驗進行一半時分別提出不同的指示。達到一百五十伏特時，一名實驗負責人說「學生很痛苦，再進行下去有危險。停止吧。」但是另一名實驗負責人說「沒事啦，繼續吧」。在這種狀況下，沒有一個受試者會再繼續升高電壓。這是因為實驗是否繼續，決定權大大落在真正的受試者（不是暗樁）——老師扮演者身上，不能轉嫁責任。

米爾格倫的「艾希曼實驗」是一九六〇年代前期在美國實施的實驗，此後到一九八〇年代中期為止，也在許多國家進行再次驗證。所有的結果幾乎都顯示出比米爾格倫實驗更高的服從率。因而，我們必須認為，這個實驗結果，並不是得自於美國固有的國民性和該時代特有的社會狀況，而是反映人類普遍的特性。

米爾格倫「艾希曼實驗」的結果，給了我們許多層面的啟示。

第一是官僚制度的問題，聽到官僚制度，很容易想到是政府等單位採用的組織制度，但是如果套用官僚制度的定義——即上位者呈樹狀配置屬下人員，根據權限與規則執行職務——則今日公司的組織，絕大多數都是依靠官僚制度在運作。米爾格倫的實驗顯示，幹壞事的主體者責任愈是含糊不明，人愈會把責任轉嫁給他人，自制心與良心的作用也愈差。這個道理麻煩在哪裡呢？主要是假如組織愈大良心與自制心的作用也愈差，則組織擴大，做壞事的尺度也會變得更大了。

猶太人大屠殺就是個典型的例子。前面介紹過的政治哲學家漢娜・鄂倫就做過分析，納粹主導的猶太人大屠殺，正是因為官僚制度的特徵——「過度分工體制」才得以發生。在鄂蘭提出這個假設之前，也就是一九六〇年代時，一般公認猶太人遭到屠殺，主要源自於德國人的國民性，與納粹的意識形態。但是，鄂蘭說「這是錯的」。這種將猶太人大屠殺歸咎於納粹意識形態主導的想法，是將責任轉嫁給以希特勒為首的納粹領袖。鄂蘭想提醒世人，事實並非如此，德國以外的人民，納粹以外的組織，都有可能再發生那種悲劇。

希特勒等瘋狂的領導人只是在中樞坐鎮指揮，並不會害人死亡。親手用槍或毒氣將無辜民眾如同蠕蟻般實際殺害的，並不是納粹的領導者，而是和我們一樣的一般民眾。為什麼這個時候，他們的自制心和良心沒有發揮功能呢？鄂蘭把焦點放在「分工」上。從為猶太民眾造冊開始，檢舉、拘留、移送、處刑等作業，分別由各部門的人員分擔，整體系統的責任歸屬含糊不明，很容易產生責任轉嫁的環境。「我只是製造名冊」、「那個時候誰都有幫一手」、「不管我怎麼做，結果都不會改變」、「我沒有殺他們，我只是駕駛移送列車」……主導這套操作結構任務的阿道夫・艾希曼憶述，他刻意建立一個盡可能將責任分段的操作模式，使他們不會受到良心的苛責。這種魔鬼般的洞察力，令人不禁發抖顫慄。米爾格倫的實驗結果告訴我們，人在團體中從事某種行為時，整個團體的良心和自制力就很難發揮功能。現在日本一再爆發企業違法黑心事件，也正是這個時代，我們有必要好好思考米爾格倫實驗結果帶來的啟示。

另一點，米爾格倫進行的「艾希曼實驗」卻也給予了我們希望之光。當象徵權威的「白袍實驗負責人」之間產生意見分歧時，百分之百的受試者都會在一百五十伏特「相當低電壓的階段」就停止實驗。這個事實告訴我們，當出現鼓勵自己良心或自制心的意見或態度出現時，只要一點點協助，人就可以停止「服從權威」，聽從良心或自制力採取行動。雖然米爾格倫的「艾希曼實驗」結果顯示，人在權威之前驚人的脆弱乃是人的本性，但是一點點反對權威的意見，一點點鼓勵良心或自制力的協助，人就能依據自己的人性做出判斷。這一點告訴我們，當整個系統往壞的方向走去時，是否會出現首位登高一呼的人物十分重要。

最後歸納如下，在現在分工已經規格化的社會，大家連自己在幹壞事的自覺都模糊不明的狀況下，我們很可能參與了罪惡滔天的壞事都未可知。在多家企業中發生的隱瞞不實或假冒事件，都可以藉由這種分工而達成。為了防堵這個缺口，我們必須拉高視角，觀察自己參與了什麼樣的系統，以及自己目前從事的工作，就整個系統來說，給予社會什麼樣的衝擊，然後從空間或時間的大框架多方思考。進而，若是認為需要做出什麼樣的改變時，就應該拿出勇氣，挺而發聲：「這麼做有問題吧？有錯誤吧？」您說對不對呢？

13 心流理論

——人在什麼時候能將能力發揮到極限，進而產生充實感呢？

米哈里・契克森米哈伊（Mihaly Csikszentmihalyi, 1934-）

匈牙利裔，美國心理學家，主要研究心理學上的「幸福」、「創造性」、「快樂」等問題。在奠定正向心理學上，扮演核心的角色。二〇一八年時是加州克萊蒙研究大學的心理學及經營學教授。他將問題難易度與技術高度達到平衡狀態時產生的忘我愉悅心情，整合為「心流」的概念，並因提倡這個理論而著稱。

人將能力發揮到最大極限，進而產生充實感，是一種什麼狀態？這就是契克森米哈伊研究中追求的「問題」。同樣地，今日，它也是思考如何發揮自我能力以獲得充實感的人，或是正在思考如何引導出員工的能力，讓他們擁有工作充實感的組織領導者，所必須面對的問題。

契克森米哈伊運用了一套極簡單的手法，來回答這個問題。他從藝人、音樂家等創意專家、外科醫生、企業領導人、運動或下棋等世界中，選出熱愛工作和成功的人士，進行近身採訪。他採訪過的對象，包含美體小鋪的創業者安妮塔．羅迪克（Anita Roddick）和索尼的創業者井深大等。

在這些採訪中，契克森米哈伊注意到「一件事」。那就是不同領域的高級專業人士，在形容自己專注於工作的巔峰狀態時，經常都會使用「flow」（流）這個字。契克森米哈伊便直接引用這些專家們用的字，歸納為一個假設，也就是後來舉世聞名的「心流理論」。

契克森米哈伊在報告裡陳述，進入心流的狀態，即所謂的「zone」（化境）之時，會發生以下的狀況。

①過程中的所有階段，都有明確的目標

日常生活中發生的大小事，大多沒有明白的目的；但是相對地，在心流狀態時，人總是很清楚自己應當做的事。

②行動有立即的回饋

處於心流狀態的人，自知自己在什麼程度能做得很好。

③挑戰與能力之間的平衡

視自己能力許可進行挑戰。到達絕妙的平衡，既不會因太簡單而無聊，也不會因太難而放棄。

④行為與意識融合

完全專注精神在現在所做之事。

⑤會讓人精神渙散的事物從意識中消失

完全投注其中，日常芝麻綠豆的煩雜小事，都不存在於意識中。

⑥不會憂慮失敗

完全專注於與能力相當的事務，不會擔憂失敗。反之，如果心中產生了憂慮，心流就會中斷，而喪失控制力。

⑦自我意識消失

太專注於自己的動作，所以對他人的評價，既不在意也不擔心。心流結束之後，相反地，會有一種充實感，好像自己長大了。

⑧時間感扭曲

忘記時間流逝，過了幾小時卻彷彿只有幾分鐘。或是完全相反，運動選手等會感覺一眨眼的瞬間好像被拉長一般。

⑨行為經驗成了自我的目的

讓心流產生的行為，無關乎它本身是否有意義，目的只在於得到心流體驗的滿足感。例如喜好藝術、音樂或運動，是為了它的滿足感，儘管它並不是生活不可缺少的元素。

契克森米哈伊特別對「③挑戰與能力之間的平衡」一點，用次頁的圖表做了詳細的說明。

若要進入心流狀態，挑戰等級與技術等級都必須在高水平處達到平衡。具有高級技術的人，挑戰一定能達成的課題，同時，能夠持續集中注意力，沒有外力干擾等，合乎數個條件的時候，人就能真正進入心流狀態。

契克森米哈伊的主張中特別有趣的地方在於，上面的圖表是動態的，隨著時間流

契克森米哈伊主張「挑戰」與「技術」的關係

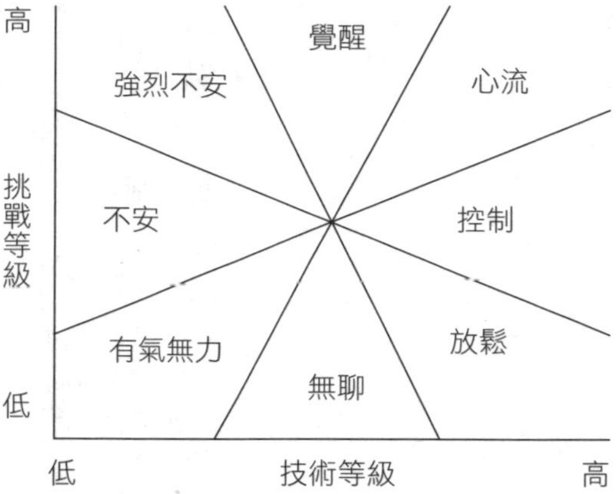

引自《心流》

逝，「挑戰等級」與「技術等級」的關係也會漸漸變化。例如，剛開始是在「強烈不安」的區域，持續不斷進行技術就會提高，不久後過了「覺醒」的階段，就會進入「心流」的領域。在「心流」區持續同樣的行為，熟悉度漸漸增高，從「心流」移動到「控制」區。此時，就會進入所謂的舒適區，來到心情愉悅的狀態。當然，到這狀態後也就不會再繼續成長了。總之，自己的技術與課題的難易度，處於動態的關係，若想持續體驗心流，就必須主動去改變它們的關係。

契克森米哈伊最先是從「幸福人生是什麼樣子？」的問題意識，走上心理學的道路。而最後歸納出「心流」的概念，所以也可說是把「處於心流的狀態」作為幸福的條件。但是，實際上又是怎樣呢？契克森米哈伊感嘆，太多人生活在「有氣無力」的區域，若是想脫離「有氣無力」區找到幸福的人生，考慮到達「心流」區的目標時「技術等級」和「挑戰等級」不可能立刻升高，只能先訂定「挑戰等級」，努力進行任務，慢慢地提高「技術等級」。也就是說，想要到達幸福的「心流」區，一定要經過不太舒服的「不安」和「強烈不安」區才行，對吧？

14 預告的獎賞

「預先告知」的獎賞，會明顯毀滅解決問題的創造力

愛德華・德西（Edward L. Deci, 1942-）

美國心理學家，羅徹斯特大學教授。對於內在動機影響學習和創造力的研究，留下了巨大的成果。

創新是今日許多企業最重要的課題。個人的創造力與創新的關係並不是那麼簡單，個人創造力旺盛也不是馬上就能引發創新。但不管怎麼說，「個人創造力」占有創新必要條件的一大部分，是不爭的事實。那麼，有可能從外在提高個人的創造力嗎？

若想探討這個問題，我們先來看看一九四〇至五〇年代，心理學家卡爾・鄧克（Karl Duncker）提出的「蠟燭問題」吧。首先，請看第一二九頁的圖。「蠟燭問題」

希望大家能想想看，怎麼樣能將蠟燭固定在牆壁上，而蠟油不會滴下來。

成年人聽到這個問題，大概花個七到九分鐘之後會想到下圖的點子。

要達到這個目的，只有將放了圖釘的圖釘盒，改變成蠟燭燭台的這個想法能達成。但這種思維的轉變，其實並不容易達成。一旦規定了「用途」之後，人們就很難從這種認知中跳脫。鄧克將這種傾向命名為「認知功能固著」。舉例來說，麥克筆的設計是將氈頭插入玻璃製的瓶中，讓有色的揮發油滲入後使用，在物理性質上，與酒精燈的原理幾乎相同，而且在黑暗中時，實際上可以將它點燃當成油燈來用。但是鄧克透過這個實驗證明，一般人無法跳脫原有的思考方式。

鄧克的實驗經過了十七年，紐約大學的格魯茲堡（Sam Glucksberg）教授，重新進行蠟燭問題的實驗，用以了解人性的若干面向，得到了耐人尋味的結果。他將這個問題告知受試者時，約好「較快解開問題的人，會給予獎賞」，結果發現，他們想到答案所花的時間，明顯的「變長」了。這個實驗在一九六二年進行，時間平均延長了三～四分鐘。也就是說，給予獎賞不但不會提高使用創造力解決問題的能力，反而還會降低。事實上，在教育心理學的領域裡，從許多其他實驗都發現，獎賞，尤其

卡爾・鄧克的「蠟燭問題」實驗

是「預告的」獎賞，會顯著破壞人們解決問題的創造力。其中最有名的，應該是德西、萊恩和寇斯納進行的研究。他們綜合分析了關於獎賞對學習造成影響的一百二十八件研究，得到了一個結論，就是對人們已覺有趣而參與的活動，預告的獎賞都會降低內在動機的產生，不論這個獎賞是與從事活動、完成活動或活動結果相連結。從德西的研究中，可以發現預知有獎賞的受試者，表現較低落，他們不是試圖將預想得到的精神面損失降到最低，就是照著按件計酬的思維進行。總之，他們並不會想盡其所能地努力，產生品質高的點子，而是盡可能在最少努力之下，得到最多的獎賞。況且如果給他們選擇的餘地，他們會選擇獎賞最多的課題，而不是藉由完成任務來提高自己技術或知識的挑戰或機會。

這些實驗的結果暗示我們，在一般商業環境中視為常識的獎賞政策，不但沒有意義，而且還可能拉低組織的創造力。也就是說「糖」不僅沒有提高組織創造性的意義，毋寧說還會造成弊害。

關於獎賞與學習關係的討論還沒有結束，例如，亦有論者如艾森柏格與卡麥隆，主張「獎賞降低內在動機的警告，幾乎全是錯的」，但是至少關於德西「預告的獎賞降低內在動機」的論述，從七〇年代起，經過反覆的討論，已經算是接近定論的程度。不過奇妙的是，在經營學的領域，仍有不少論者站在獎賞可以提高個人創造力的立場。例如，在哈佛商學院或倫敦商學院執教鞭的蓋瑞．哈默爾（Gary Hamel），就在與創新相關的論文或著作中，屢屢談到「格外獎賞」的效果。

企業家不在乎蠅頭小利，企業家看準的是新興企業的股份。（中略）創新性的商業概念，與企業家的能量，才是革命時代可以依賴的「資本」。創意資本家當然追求與股東同樣的獎賞。他們的確打算是在短時間內取得大成功，但是同時也會要求符合自己貢獻的獎賞。（中略）「一旦員工達成了商業上全面的創新，不可視為過去的延伸，必須給予豐厚的獎賞。而公司必須明確告知員工，只要實行全面的創新，便會給予豐厚的獎勵。」

蓋瑞．哈默爾《啟動革命》（*Leading the Revolution*）

關於獎賞政策的這個概念，哈默爾最常舉「安隆」的例子作為「範本」，哈默爾在上述的書中這麼寫道：「為了培養出經驗豐富的革命家，企業必須將獎賞與官職、頭銜、上下關係脫鉤，另外決定。事實上，安隆的公司內就是這麼做的。該公司裡，有的助理收入比董事還多。」（引自該書三六四頁）

但是，現在我們已經知道，在安隆或投資銀行發生的狀況，或是現在ＩＴ創投發生的危機，正如德西的主張，是因為人們「選擇可以快速取得莫大獎賞的工作，而不是真正覺得有價值的工作」而造成的。二〇〇〇年代初期，當安隆歌頌著火箭般上升的股價，哈默爾大約也在這時期提出了上述的論述。但是，在那個時間點，德西等多位學習心理學者有關獎賞方面的研究結果已經公布了數十年，至少「預告的獎賞」在多個層面破壞獲獎賞者的創造性與健全動機的看法，已經成為共識了。

這種人文科學或社會科學的初步結論，幾乎沒有在經營科學的領域上應用在對社會最具有影響力的企業中，這個事實不只是令人遺憾，更令人為難。哈默爾執教鞭的哈佛商學院、倫敦商學院都以高昂的學費而聞名。付出了高額的學費，到頭來學到的卻是在其他領域早已確知的錯誤見識，這叫學生情何以堪呢？

希望讓人發揮創造力的時候，獎賞（尤其是預告的獎賞）不僅沒有效果，反而破壞了人或組織的創造力。

希望讓人發揮創造力的時候，獎賞（糖）反而會成為反效果。那麼一味地鞭笞又會如何呢？從結論來說，依心理學的角度來看這種方式也不可取。原本大腦就有類似會計系統的性質，會讓確定的事物與不確定的事物保持平衡。挑戰某件事就是一種不確定，所以需要「某個確定的東西」來與之平衡。這裡問題會發生在「安全堡壘」（secure base）的概念上。

英國心理學家約翰・鮑比（John Bowlby）主張，在幼兒發展的過程中，幼兒為要探索未知的領域，需要心理上的安全堡壘。他將幼兒對照顧者表現的親愛之情，以及難以割捨的情感，稱為「依附」（attachment）。而幼兒依賴的照顧者，就成為幼兒心理上的堡壘，他主張，有了心理堡壘，幼兒才能盡情地去探索未知的世界。援用這個理論來思考，可以導出一個想法，日本社會的主流思想，是只要遭受一次大失敗，就等於畫上大叉叉，在社會上永無翻身之日。美國的安全堡壘比日本更加穩固，正因為如此，成人也和幼兒一樣，可以盡情地挑戰未知的世界。

總之，人若想發揮創造力、冒風險，必須要有容許這種挑戰的環境，「糖」和「鞭」都沒有效，更重要的是，在這種環境中，人之所以想要冒險，不是想要「糖」，也不是害怕「皮鞭」，而是純粹因為「自己想這麼做」。

第2章

關於「組織」的關鍵概念

——為了思考「這個組織為什麼不改變？」

15 馬基維利主義

——為了統治得更好，也允許不道德的行為

尼可洛．馬基維利（Niccolò di Bernardo dei Machiavelli, 1469-1527）

義大利文藝復興時期的政治思想家，佛羅倫斯共和國的外交官。在強烈傾向理想主義的文藝復興時期，他發展出現實主義的政治理論，認為政治應該與宗教、道德分開思考。

人民愛戴的領袖與人民恐懼的領袖，哪一種比較出色？這是人類有史以來，一再被討論的問題。馬基維利在著作《君王論》中，直截了當地主張「應該成為人民恐懼的領袖」。馬基維利主義，就是指馬基維利在《君王論》中所敘述，表現君王應有「舉止」與「思考方式」的用語。那麼，它的內容是什麼呢？簡言之，就是「如果最後能夠增進國家利益，不論什麼樣的手段或不道德的行為，都可以容許」。這

本書之所以對當時和現代的我們帶來衝擊，是因為古往今來，幾乎很少有那麼誠實而露骨描述領袖的言論。不知是真是假，據說拿破崙、希特勒、史達林等，都會在睡前閱讀《君王論》。所以對認為「為了實現理想，不得不有些犧牲」的獨裁者來說，也許都將這本書定位在聖經的位置。

因此，說起來它的內容「非常偏頗」，不過，馬基維利之所以提出這樣的論調，有其時代背景。領導力與時代的脈絡有關，也就是說「什麼樣的領導力最理想？」的答案，視狀況和背景而有所變化。因而，若不清楚當時佛羅倫斯的情勢，而把馬基維利的主張囫圇吞棗，會十分危險。

當時，佛羅倫斯一直被列強入侵。最早是從一四九四年，法國的查理八世帶兵侵略義大利開始，因為地處險要，因而神聖羅馬帝國等外國軍隊紛紛進軍，掀起戰爭。與各國的軍力相較之下，佛羅倫斯在軍事上自然不如人。馬基維利以外交官的身分，耗費十年以上走訪各國、各城市，不斷奮鬥，好不容易才維持了共和國的存續。

其中，切薩雷・波吉亞（César Borgia）特別讓馬基維利佩服。

切薩雷是教皇亞歷山大六世的庶子，教皇在北義大利握有絕對的權力，所以對佛羅倫斯來說，是最危險的敵人。從立場上來說，佛羅倫斯應該要與波吉亞家保持距離，但是，馬基維利對切薩雷的勇氣、智慧、能力，尤其是「不惜使出冷血手段，以求達到目的」的態度，大為欽佩。佛羅倫斯的領袖們太在乎道德和人情，在戰爭中簡直不堪一擊，馬基維利希望他們能夠學習切薩雷的思考模式和行為模式。這就是他撰寫《君王論》的核心動機。

最後，他將《君王論》獻給當時實質主宰佛羅倫斯的梅迪奇家家主——羅倫佐・梅迪奇（Lorenzo de' Medici）。今日，為世界各地大企業服務的顧問公司或商業學院，都會提出自己的「經營者的人才條件」，而馬基維利的《君王論》也許可以說是世界第一部「領袖人才要件的提議書」。

但必須注意一點，馬基維利並沒有說「容許掌權者所有不道德的行為」。這是馬基維利很容易被誤解的一點，必須特別注意。馬基維利只說「為了統治得更好，也允許不道德的行為」。也就是，他只說如果該行為適用於「統治更好」的目的，就可以接受。但對於像會招人怨恨、會危及權力基礎的不道德行為，他則批評為愚昧的行為。

具體來說，馬基維利在某君王征服他國之時，曾出言提醒「務必一氣呵成，堅定地採行嚴厲的手段，以免到時日日悔恨難追。」這個意見也符合企業改造的鐵則：初期階段進行大規模的裁員，會比分成多次、小規模但一再伴隨痛苦的裁員要有效得多。換句話說，馬基維利並不是主張「就算不道德也沒關係」，而是要成為「冷靜而透澈的理性領袖」，偶爾當「理性」與「道德」碰撞時，他認為「理性應要優先」。

我們這些生活在今日文明社會中的人，多數都對馬基維利表現出強烈的厭惡或抗拒。但是，我們不能忘了，馬基維利的主張是寫給在國家存亡危機下就任的領袖。反言之，我們平日追求的領袖樣貌，在國家存亡之時，是否能成為領導我們的人呢？對此我們應該提出質疑。

如同前述，領導力與時代環境有關，在某種狀況下能夠運作順利的領導力，到了另一個不同的局面，就未必能發揮功效。舉例來說，《三國志》中的曹操就是典型例子。曹操從年輕時便極富機智、權謀，但是因為性好放蕩，素行不佳，因此世人對他的評價低劣。東漢人物評論家許子將（許劭）稱曹操「君清平之奸賊，亂世之英雄」（在清平盛世時是個大盜賊，到了亂世卻能成為英雄）。意思是說，在太平之世時，也許他不能成為成功的領袖，但是到了亂世，他就能發揮領導力了。

同樣的道理或許也可以套用在日本的織田信長身上，不論是曹操還是信長，他們都有強烈的冷靜理性主義形象。這種領導風格能夠開花結果，可以說原因出在他們身處道德或人性都走不通的亂世。

關於馬基維利，我們也必須有同樣的思維。他在五百年前的佛羅倫斯提出的「領袖人才條件」具有如此超越時空的普遍性，在許多時代都通用，可能是因為馬基維利的主張含有相當真實的內容吧。站在領導立場的人，不時會受情勢所迫，做出不受歡迎的決定，或傷害部下的決定。即使如此，不管在商業、其他組織，或是家庭，只要領袖對長期的繁榮和幸福負有責任時，就必須當機立斷或是展開行動。這就是馬基維利想教導我們的道理。只要身為領袖，就表示經常伴隨有孤獨和陰暗的責任，但是從另一方面看，也許這就是權力的本質。

16 魔鬼代言人
——敢於「挑毛病者」的重要性

約翰．史都華．彌爾（John Stuart Mill, 1806-1873）

英國的政治哲學家、經濟思想家。在政治哲學上，對自由主義、自由意志主義，以及社會民主主義的思潮造成莫大的影響。牛津大學和劍橋大學都願意提供研究場所給他，但都被拒絕。彌爾在東印度公司任職時，一直持續研究和寫作。他和本書介紹的多數哲學家一樣，終生都是業餘的哲學家，從來不曾成為專業的「學者」。

魔鬼代言人，指的是敢於批判或反駁多數派的人。這裡說的「果敢」並不是說他天生性格就是個反對多數派意見的魔鬼，而是有意識地背負這樣的「使命」。

說個題外話，「魔鬼代言人」這個詞，並不是約翰．史都華．彌爾創造的詞，它最早是天主教會的用詞。天主教審查封聖、列福時，擔任摘指候選者缺點、懷疑奇跡證據可信度等任務的人，被正式定名為「魔鬼代言人」。不過，這個任務在一九八三年由若望・保祿二世所廢止。

那麼，為什麼要在約翰・史都華・彌爾這一條介紹這個詞呢？彌爾在著作《論自由》當中，一再反覆指出「反駁的自由」在實現健全社會時的重要性。

認定某個意見正確，是因為沒有任何反論可以駁倒它，與認定它正確，是因為不允許有反駁的意見，兩者之間有著天壤之別。只有完全接納反駁、反證自己意見的自由，自己的意見才稱得上正確，可以當作行為準則的絕對條件。人類並非全知全能，除此之外，沒有任何東西能作為正確的理性保證。

彌爾《論自由》

讀彌爾的這段說法，也許有些人會想到亞當・斯密的「看不見的手」。事實上正是如此，亞當・斯密於《國富論》主張「拒絕經濟領域中過多的管制」，而彌爾也想藉由撰寫《論自由》，在政治或言論的領域宣揚相同的主張。

根據市場原理，價格會在不久後收斂到適當的水準，意見和言論也會在通過多數的反論或反駁後，只留下優秀的部分。這種思想與保護優秀意見、排除粗劣意見的管制做法，發生對向的衝撞。

現在，經由許多實證研究可知，在組織內部，愈是直言不諱地交換意見，愈能提高決策的品質。但彌爾早在一百五十年前就確知了這一點。

而且，這個主張也與「壓制反論」——即過度抑制思想和信條的危險連在一起。如果承受得住許多反論的言論才是優秀言論，封鎖反論，會使「言論的市場原理」陷於功能不全的境地。彌爾在該書中提到，被處死的蘇格拉底和耶穌現在被歌頌為歷史上的偉人，他們留下的思想或信條，如此廣泛地深入人心，這指出在某個時代的「惡」經過數代之後，就能變成「善」。這段話給我們一個啟示，總之，一個想法的是非，不是那個時代的菁英管制可以決定的，只有經過長時間淬煉，經過許多人多方向的探討，才判斷得出來。

站在同樣的觀點，彌爾也在該書其他部分就現在我們熱烈討論的「多樣性的重要性」留下深刻的啟示。

> 為什麼某些人的判斷真正值得信賴呢？他是怎麼做到的呢？
> 那是因為他總是虛心接受別人對他意見或行為的批評。因為他總是習慣傾聽所有反對他的意見，盡可能接受其中他認為正確之處，若是有錯誤，他也能自己思考，必要時解釋給其他人聽。因為他覺得，哪怕只是一個主題，若想要求得整體認識，唯一的辦法，就是傾聽各種不同的意見，從所有的觀點找出事物的看法。事實上，任何智者都不能從其他方法中獲得智慧，而從智慧的性質來說，除此之外的方法，都不能讓人變得聰明。
>
> 彌爾《論自由》

團體解決問題的能力，在於與同質性權衡的關係。心理學家歐文・賈尼斯（Irving Lester Janis）研究過「豬玀灣事件」、「水門事件」、「越戰」等多件「高學歷菁英集合，做出極愚蠢決策」的事例，發現不論個人的知識水準有多高，同質性高的人集合在一起時，決策的品質都會明顯低落。

除了賈尼斯的研究之外，許多組織論的研究也都顯示出，多樣意見形成的認知不協調，有助於達到高品質的決策。簡要地說，不論知識水準再怎麼高的人，只要抱持「類似意見和志向」的人聚在一起，生產智慧的品質就會下降。

這時候需要一位「魔鬼代言人」。在多數派意見整合的時候，魔鬼代言人會出來雞蛋裡挑骨頭。從這些毛病發現以往看漏的觀點，防止決策流於貧乏。

我們就以古巴危機為例，來看看魔鬼代言人在極重大的場面中，如何有效發揮功能吧。

一九六二年甘迺迪總統就職的第二年，十月十六日早上九點過後，接到弟弟司法部長羅伯·甘迺迪的即時聯絡，聯絡的內容是「根據ＣＩＡ的情報活動，確知蘇聯正在古巴建設核子飛彈基地」。

當天上午十一點四十六分，多位美國政府高官緊急集合，由ＣＩＡ正式向他們簡報現狀。會議中展示多幀照片，情報專家手持地圖和指揮棒，解說古巴的聖克里斯托巴（San Cristóbal）附近的原野，正在建設飛彈基地。大概是「萬萬沒想到」吧，相關者回想當時會議現場描述：「大家都驚呆了」，怎麼都想不到蘇聯竟然在美國的後院古巴，配備核子飛彈。

為了檢驗美國對此事的對策，甘迺迪總統不只邀集外交、軍事專家，還找來多面向背景的人才，像是撲克高手、熟悉古巴國情的商務人士，組成了小組，後來稱之為國家安全會議執行委員會（Executive Committee of the National Security Council, EXCOMM）。加入這個會議的成員，在往後的十二天中，近乎不眠不休地召開會議。

事態極其嚴重，而且緩衝的時間有限。以美國的立場，雖然明知不可以遺漏古巴每一件發生的事，但是對於應該採取什麼行動，卻也不能倉促決定。不管怎麼說，若是古巴以核子導彈攻擊美國，幾乎可以確定，將會造成八千萬名美國民眾喪生，可以說，歷史上從來沒有賭金這麼高的賭局。

對委員會討論協議的方式，甘迺迪總統設定了幾項規則。

第一項規則是，甘迺迪總統本身不出席會議。理由是「各專家在安全保障上深具知識與經驗，不想讓自己影響到他們的討論，尤其不想讓他們對自己有所顧忌」。從結果來看，這個判斷極為明智。若是甘迺迪總統出席，即使平時主觀意識極強的人，也會改變個性，對總統顧忌三分，就會總是在以總統意見為主的前提下完成討論。

接著總統指示，開會時，希望大家不要在意平常的行政程序或步驟。總統禁止各成員在會議中做為所掌部門的代言人，相反地，命令他們將「國家利益作為優先考量，成為疑心的通才。各自不得以官僚的態度面對問題，也就是說不可以只敢在自己專業領域內發言，避諱對更有專業知識的人提出反駁。大家必須將美國的安全保障，當成所有人的問題。」

其次，他又命令最親近總統的心腹——司法部長羅伯．甘迺迪與總統的文膽泰德．索倫森（Ted Sorensen）負起「魔鬼代言人」的角色。甘迺迪要求他們兩人，挑出討論中所提建議的弱點和風險，徹底將它們攤在自己和提案者面前。

最後一項，他要求委員會提議時，分成各個小組提出多個建議，而不要將建議整合為一個。

這些「規則」後來將該委員會決策的品質，提高到前所未有的程度。

討論剛開始時，眾人都認為只有發射導彈先制攻擊的選項，到了第一天傍晚，多了隔離或海上封鎖等想法。第二天十七日（週三），國防部長麥納瑪拉（Robert McNamara）也支持海上封鎖。成員分成「先制攻擊派」與「海上封鎖派」。

海上封鎖派的論據是這樣的。第一，就算最終必須採取什麼武力手段，也不需要一開始就發動。此外，就算根據參謀長聯席會議的意見，採取先制攻擊破壞「飛彈基地」，在軍事上還是沒有意義，最後仍不得不發展成侵略作戰，對古巴所有軍事設施進行攻擊，那時就恐怕很難避免全面性的戰爭。如果與古巴（即蘇聯）之間，還有避開這種武力衝突的可能，就不應該採取先制攻擊。

反之，先制攻擊派的想法是這樣的。既然導彈已經運抵古巴，進行海上封鎖也無法達到拆除導彈的目的，也很難要他們中止飛彈基地的設置作業。況且，若是海上封鎖讓蘇聯船無法出海，很可能古巴與美國問題的結構，會演變成直接與蘇聯對決的狀態。

參謀長聯席會議的成員團結一致，向總統進言，應立即採取軍事行動，他們一再主張海上封鎖沒有意義，武力攻擊絕對必要。另一方面，羅伯·甘迺迪和麥納瑪拉部長都支持海上封鎖。他們並非確信那是最佳方案，而是認為封鎖比武力攻擊有彈性，「比較有可能避免造成無可挽回的事態」。而且最重要的是，對古巴發動導彈攻擊，殺害成千上萬的百姓，這種想法實在令人難以接受。

十月十九日早上，總統指示委員會成員分成「武力攻擊派」與「海上封鎖派」

兩組，分別向總統提出建議。建議的內容並不是關於作戰方法，而是總統對全國國民的演講概要，其中包括之後應該採取的作戰行動，以及如何因應即將發生的事態。同日午後，兩個小組互相交換建議案，精密審查彼此的計畫內容，之後再進行一道互相批判的程序。各小組接受批判之後，再次進入翻新企畫內容的作業。

十月二十日下午，甘迺迪總統接到討論報告，決定支持海上封鎖。在總統下了決定之後，內閣與議會的領導者，情緒性地再三向甘迺迪總統訴說先制攻擊的重要性。但是，甘迺迪總統用下述的結論，回拒所有反對意見。「我認為，為了保護合眾國的安全，如有必要，我願意採取任何措施。但是，從一開始，我就不認為我們有理由採取超出海上封鎖的軍事行動。如果美國開火攻擊，可以想見對方反擊時必然飛彈齊發，這樣數百萬的美國人將命在旦夕。這是非常大的賭注，對我來說，在未能徹底檢驗其他所有可能性之前，我不打算加入這場賭局。」

如果甘迺迪那時候沒有設置「魔鬼代言人」，也許就看不到今日世界的繁榮了。近年來，原本應該人才濟濟的各大企業，屢屢發生非常可笑的醜聞，但正是處在這種局面，我們才應該更積極地在進行重大決策的時候，善用「魔鬼代言人」才對。

17 共同體與社會

——之前日本企業是「村落共同體」

斐迪南・滕尼斯（Ferdinand Tönnies, 1855-1936）

德國社會學者，在共同體領域提倡「社區」與「社會」的社會進化論，而為人所知。他積極參與社會改革運動，如工會與合作社運動，此外，也支援芬蘭和愛爾蘭的獨立運動等。在德國的基爾大學教授哲學和社會學，但因公開指責納粹及反猶太主義，而被拔掉地位。

共同體（Gemeinschaft）是指因著地緣或血緣的深刻聯繫、自然發生的社區。而社會（Gesellschaft）則是經由利益、功能、任務而聯結的人為社區。原本在德語中，Gemeinschaft 是共同體的意思，而 Gesellschaft 是「社會」的意思。

滕尼斯認為，人類社會是在現代化的過程中，靠著地緣、血緣、友情的深刻聯繫，而自然發生的共同體，這個共同體會漸漸轉變為優先追求利益、功能性的社會。

滕尼斯進而認為，社會組織從「共同體」變遷為「社會」的過程中，人際關係會漸漸疏遠。在重視功能的社會，社會或組織成為一種系統，明確區分隸屬於這個集團的個人權利與義務，以往充滿人情味的人際關係，也變質為基於利害關係、公事公辦的關係。

這個論點是真的嗎？滕尼斯生於黑格爾之後，與馬克思大約同一時代。可能因為這個緣故吧，他的論點多少有著一個不公開的前提，那就是「歷史不可逆地朝著某個終結點發展」。

的確，回顧日本進入現代之後的歷史，正和滕尼斯的預言一樣。戰前的日本，村落共同體這種 Gemeinschaft，就是多數國民的根基。他們從沒離開過出生的地方，多數人繼承父母的職業（絕大多數是農業），一生下來就沒有脫離過所屬的地緣和血緣形成的社區。在一邊被該社區管制和監視，一邊得到該社區的扶持與支援的狀況下，度過一生。但是到了戰後，尤其進入高度經濟成長期後，都市地區的企業、店鋪需要大量的人力，人們以所謂「集團就職」的形式，離開了土生土長的共同體，歸屬於「企業」這個社區。那麼，「企業這個社區」就是滕尼斯所說社會的原意嗎？

我認為還是有一點微妙的差別。為什麼我會這麼想呢？因為企業有三種神器，即「終身雇用」、「年功序列」、「企業內工會」。為什麼有了這三種神器，「高度經濟成長期的企業，就不是滕尼斯所稱的 Gesellschaft（社會）」了呢？

讓我們重新來檢視一下。「終身雇用」是指公司會照顧你一輩子，所以請你盡忠職守的約定；「年功序列」是指，在社區中年長者相對受到尊敬、重用的約定；而最後「企業內工會」，則是大家團結起來，一起守護夥伴的被雇用權，不讓任何人被解雇的約定。

總之，三種神器的意思是「①一輩子照顧你」，「②重視年長者」，「③團結一心，守護個人」。簡單地說，和村落共同體中的潛規則約定相同。除了這三種神器之外，再加上例如像舉行運動會等活動，或是在公司頂樓設置供奉過世員工的神社，運動會等活動相當於村落共同體的盂蘭盆舞，公司頂樓的神社相當於村子裡的土地公，所以說，我們可以將企業想成另一形態的共同體，繼承即將瓦解的村落共同體，這個概念應該可以被接受。

如果把社會想成基於任務、功能形成的聯結，而共同體是基於友愛、血緣形成的聯結，只要兩者不能以某種形式雙重擔保，就很難形成具生產性又健全的社會吧。今日，至少大企業中共同體的元素已經完全破滅，一般認為不久後將會變遷為完全社會，美國企業的發展最具象徵性。那麼，社會中的共同體要素，戰前由村落共同體扛起這個任務，高度經濟成長期到泡沫期，由企業扛起，那麼今後，又是由誰來扛呢？

我認為關鍵在於「社群媒體」與「第二張名片」❸吧。可能有人會笑我太樂觀或天真，但假如公司、家庭的瓦解是不可逆的潮流，人類就必須擁有改變它的新結構。哲學家費特利希．田布魯克（Friedrich H. Tenbruck）說：「架構社會整體的結構一旦瓦解，位於其下階層結構單位自立的程度會升高。」如果真是這樣，面對公司或家庭等結構的瓦解，從歷史的必然而言，就必須有個新的結構形成新社會的紐帶，而社群媒體很可能將會負起這個使命，雖然這只是我帶著希望的一種觀察。

❸ 譯注：指在工作之外還具有另一個專業。

18 解凍＝變革＝再凍結

——變革是從「結束習慣熟悉的過去」開始

庫爾特．勒溫（Kurt Zadek Lewin, 1890-1947）

德裔美國心理學家，公認為「社會心理學」的始祖。在團體動力學（Group Dynamics）和組織開發領域留下卓著的貢獻。在一份二〇〇二年發表的調查中，勒溫的論文是二十世紀引用次數最多的心理學家之一。

是什麼來決定組織中人們的行為呢？在庫爾特．勒溫之前的心理學者，其中尤其是「行動主義」領域的專家，認為是「環境」。但是，勒溫設定了一個假說，認為「個人與環境的相互作用」規定了某組織內人們的行動。今日，它已進行廣泛的研究，稱之為群體動力學。

勒溫留下了各種有關心理學、組織開發的關鍵詞，這裡我想就其中「解凍＝變革

＝再凍結」的模型加以說明。

勒溫的這個模型，表現了實現個人及組織變革的三個階段。

第一階段「解凍」是領悟到必須改變以往的思考模式或行為模式，為變革做好準備。當然，人們原本在心中已確立事物的看法或想法，因此會抗拒改變。從而，在這個階段，必須做好縝密的準備。具體來說，必須就「為什麼過去的做法再也行不通了」和「改成新的做法會改變什麼」兩點進行溝通，不是「說服對方」，而是與對方達到「共鳴」的層次。

第二階段「變革」中，拋棄以往對事物的看法、想法，或是制度與過程，都會引發混亂和痛苦。很多時候不如預料般順利。在這階段會爆發出「還是以前的做法比較好」的聲音。因而，主導變革的一方充分在實務面、精神面上給予支持，是克服這個階段的關鍵。

第三階段「再凍結」中，新的事物看法、想法形成了結晶，適應了新的體系，較為舒適、恆常性的感覺重新甦醒。在這個階段，是否確實感覺到正在扎根的新看法、想法效果有了提升，是一大重點。因此，主導變革的一方應該生出積極的動力，公告新看法、想法帶來的實際效果，進而對取得新技術、程序給予褒獎。

據勒溫的說法，這個「解凍＝變革＝再凍結」就是改變某個思考模式、行為模式僵化組織的步驟。這裡必須注意的是，它的過程是從「解凍」開始的。因為「解凍」的意思，簡言之就是「讓它結束」。我們想展開什麼新的事物時，很自然就會把它當成「起始」的問題來思考吧。但是，庫爾特．勒溫的這個主張，卻是說開始新事物時，第一件該做的事，應該是「忘掉過去的做法」，用更明確的詞句來解釋，就是「做個了斷」。

美國的威廉．布瑞奇（William Bridges）則以個人就業的問題為主題，提出了相同的理論。布瑞奇是位臨床心理學家，他運用團體療法，治療辛苦跨越人生轉機或關卡的人。布瑞奇在臨床遇到的患者可說五花八門，每個人的「轉機體驗」都非常獨特，很難一般化。雖然轉機的故事人人不同，但是把這些「無法順利跨越的案例」排在一起時，布瑞奇發現它還是有一種模式，或反覆可見的過程。於是，他把巧妙跨越轉機的過程，用「終結（結束持續到現在的某個狀況）」→「中立圈（混亂、苦惱、茫然自失）」→「開始（展開某個狀況）」等三個步驟來說明。

這裡也請注意一點，變革不是始於「開始」，而是始於「結束某件事」。

讓布瑞奇來說的話，那就是就業或人生的「轉機」並不是「開始某件事」那麼簡單，反倒應該是「結束某件事」的時期。換言之，就因為是「結束某件事」所以才能夠算是「開始某件事」。許多人都把注意力放在後者的「開始」，卻沒有好好關注「終結的問題」，也就是究竟是什麼結束了，或者是讓什麼做一了斷。

我認為，許多組織變革過程中遇到挫折的原因就在這裡。如果將經營者、經理和第一線人員三者並列，經營者對環境變化洞察力的時間範圍最長，第一線人員最短。身位經營者至少要思考十年以後的事，但經理最多五年，第一線人員所考慮的只有一年的時程。如果是會經常考慮十年後的經營者，也許隨時會意識到變革的必要性，以對應未來將至的危機。但是經理或第一線人員平時都只專注在眼前的工作，所以如果上司沒有充分說明，宣告「這樣下去有危險，發展方向和做法要改變」，就會在沒有充分「解凍」時間的狀況下，闖入變革期。

同理也可以套用在「社會的變化」上。如何評斷日本的平成這個時代，未來應該會有大量的論述面世，但我認為它是個「沒能將昭和終結的時代」。我們是站在「山的巔峰」經歷從昭和到平成的交接。平成始於一九八九年一月八日，而日經平均指數創下史上最高紀錄，也是在一九八九年的十二月二十九日，這個紀錄至今未破。看看當時市值的世界排名，第一名是日本興業銀行，前五名都是日本企業。而現今，不用我說也知道，市值世界排名的前十名中，連一家日本企業都沒有。

這種狀況就是說明，昭和在經濟上已確定是世界霸權的情勢下，將接力棒交給了平成。但是，如各位所知，之後再也沒有超過這個巔峰，整個平成時代，日本始終處在江河日下的狀態。

用登山來比喻的話，昭和這個時代，便是自經濟高度成長以後，不斷向上爬到山頂的過程。之後三十年的平成時代，則可以歸納成從同一座山一路走下坡的過程。時代雖然從昭和變成了平成，但卻只是在同一座山上「登頂」和「下山」而已。許多人都拿平成時代一路「走下坡」當成問題來討論。但是，我這裡想提出的重點不是「上山、下山」的問題，而是回到起始點，「同一座山真的好嗎？」

我相信沒有人敢真的說，麻痺人性的泡沫景氣現象是健全的。但是，有多少人真的讓這個時代「結束」了呢？我們從昭和時代交接到平成的時候，儘管曾有過「讓泡沫景氣結束的機會」，好好讓它「壽終正寢」，但到最後，還是一面下山一面回頭望著山頂，覺得「那個時代真好啊」，不是嗎？本來，我們應該把另外一座新山當作目標，往上攀爬才對，但我們卻還在昭和時代這座山中原地踏步，懷念峰頂的榮華，心裡暗暗抱著虛無的期待，希望有天能再回到上面，一面依依不捨，不斷回頭，毫無願景地往山下走去。

這些年，可以感覺到一股否定象徵昭和泡沫時期標準——經濟、金錢、物欲——的大波浪，像地殼變動般起伏。但這似乎是由「不必讓泡沫結束」的世代帶動起來的。在進入後平成時代後，日本如果想要以不同於過去經濟大國的形式，獲得世界各國的尊敬，就必須用有別於經濟的另一套標準來登山。而因此，經歷過昭和時代的人們，是不是也必須從本質的意義上，結束對那個時代的懷舊呢？

19 卡理斯瑪

——讓統治正當化的三個要素「歷史正當性」、「魅力」、「合法性」

馬克斯・韋伯（Maximilian Emil Weber, 1864-1920）

德國政治學家、社會學家、經濟學家。繼社會學黎明期的孔德與史賓塞之後，成為第二代社會學者，與艾彌爾・涂爾幹、格奧爾格・齊美爾齊名。不同於馬克思的歷史性物質主義，韋伯強調隱藏在宗教中文化影響的重要性，並將它作為理解資本主義起源的手段。

卡理斯瑪（charisma）現在是個膾炙人口的詞，但是第一個將它以這種形式使用的，是馬克斯・韋伯。說起馬克斯・韋伯，大家最先想到的就是《新教倫理與資本主義精神》，簡稱《新教倫理》。本書中已在喀爾文的「預定論」一節中，提到過韋伯的「新教倫理」，所以這裡將從韋伯的另一本著作《政治作為一種志業》中，來說明韋伯探討的卡理斯瑪。

韋伯認為，不論是國家還是政治團體，都是藉由可正當行使武力的支配關係來建立秩序。那麼，被支配者服從當時支配者聲稱的權威時，是依據什麼道理呢？韋伯列舉了三個依據，因為相當淺白好懂，所以我直接從原書中摘錄出來。

首先，支配的內在正當性，即從**正當性**的根據問題開始談起的話，原則上有三點。第一是具有「永恆昨日」的權威。這是權威因「古已如此」的威信和去遵襲的習慣，而變成神聖的習俗。這是舊日家父長及家產制領主所施展的「傳統型支配」。其次，權威來自個人身上**超凡的恩寵**（卡理斯瑪），這種權威來自受支配者對某個人身上顯示出來的啟示、英雄氣質或事蹟，或其他的領袖特質，所發的人格上的皈依和信賴，這就是「卡理斯瑪」型的支配。先知或——在政治領域內——群雄推舉出來的盟主、直接訴求民意認可的統治者、偉大的群眾鼓動者（Demagog）和政黨領袖等類的人，所運用者即為此。最後還有一型支配，靠的是人對法規成文條款之妥當性的信任、對於按照合理方式制定的規則所界定的事務性職權的妥當性的信任。也就是說，對合於法規的職責的執行，人們會去服從。近代的國家公務員以及在這方面類似公務員的權力擁有者所運用的支配便屬此型。

——馬克斯．韋伯《政治作為一種志業》（轉引自錢永祥編譯版本）

也就是說，依照馬克斯．韋伯的主張，當人想要支配某個組織或團體時，只有「歷史的正當性」、「卡理斯瑪」、「合法性」可以保證其支配的正當性。韋伯的這個想法，基本上是把「經營國家」當成問題來思考。若將它套用在組織經營來思考，就會出現極為麻煩的問題。

如果一位支配者具有「卡理斯瑪」的特質，那麼決定組織方向、驅動組織的原動力，不是獎賞或處罰等的規則，而是被支配者的內在動機，也就是「想跟隨這個人」的心情。在這種領袖領導的組織，沒有必要事事設下規定，擁有卡理斯瑪的領袖，一舉手一投足都受到人們的關注，他們會傾聽他說的話，理解應走的方向，而盡全力展開行動。所以沒有瑣碎的規則反而比較好。凡事不拘小節，而該領袖自己也未必被規則束縛。

但是，正如韋伯將卡理斯瑪貼切地定義為「超凡的恩寵」，擁有卡理斯瑪特質的領袖並沒有那麼多。因此，不論是哪個組織，都會經歷「有卡理斯瑪領袖」換成「沒有卡理斯瑪領袖」的時候。那麼這時候要如何保證「支配的正當性」呢？

韋伯認為，到時正當性只有「歷史的正當性」或「合法性」兩者擇其一。如果眾望所歸，像是出現繼承創業家血脈的優秀人才，讓那個人物就任，也許可以藉著「歷史的正當性」恢復「支配的正當性」。這裡我不便指名道姓，但是即使是現在的日本，交棒給所謂「創業家的血脈」，換取向心力的事例，也是屢見不鮮。

但是，如果沒有具備「歷史正當性」的領袖，怎麼辦呢？依照韋伯的說法，到了那個地步，支配的正當性就只能從「合法性」尋求了。簡單的說，就是將上意下達訂下規矩，不從命令時即給予處罰。也就是藉由「官僚架構」保證支配的正當性。這一點與現在組織經營的趨勢不太相合。

韋伯的主張是，若想要有能「支配」人的主體性，就需要「歷史的正當性」或「卡理斯瑪」，遺憾的是，擁有這種屬性的領袖少之又少，所以，相對於組織需要的數量，供給出現極度不足。因而，為了保證「支配的正當性」，許多時候不得不仰賴「合法性」。但是，正如前述，「合法性」簡單說，就是規定權限，與規定違反時的罰則系統。說得淺白一點，就是依賴「官僚架構」維持有支配正當性的體系，所以與「授權」的大趨勢完全矛盾。

但不知怎地，這種時候人們經常做的是「捏造」支配的正當性。最簡單的例子就是邪教團體。辻由美曾就太陽寺院五十三名信徒集體自殺造成衝擊性的結局，寫下詳細的報導。她在書中提到：

> 太陽寺院自稱是中世紀聖殿騎士團的繼承者。（略）歐洲的歷史中，絕少有像聖殿騎士團那樣衍生出許多傳說和故事的團體，他們雖以能威脅皇權的權勢自傲，但終究在法國國王的鎮壓下瓦解，簡直就是歷史性的悲劇英雄吧。
>
> 據法國《世界報》報導，自稱繼承聖殿騎士團的教團約有近百之數。（中略）不只是邪教團體，一般人也經常會追溯家譜，尋求自己的正統性來源。權威

必須有高貴的血統。

辻由美《邪教教團太陽寺院事件》

說到新組織要為其權威尋求歷史正當性，《新約聖經》就是個很好的例子。《新約聖經》的第一篇〈馬太福音〉，就是從亞伯拉罕到耶穌之間的族譜寫起。也就是說，《新約聖經》也從「歷史的正當性」尋求耶穌支配的正當性。不過，仔細想想，耶穌是瑪利亞處女懷胎生下來的，父親是誰就變得無所謂了。因此，介紹亞伯拉罕到約瑟之間的家譜，好像根本沒有意義。所以也很難說。

這個話題暫且打住，回到主題。由於擁有「歷史正當性」或「卡理斯瑪」的領袖不太常見，所以，許多組織會捏造「歷史的正當性」。但是，另一方面又留下了另一個問題，捏造出來的「歷史正當性」真的能保證中長期的「支配正當性」嗎？既然這樣，那就利用「合法性」如何？可是綁手綁腳的官僚架構，在現在的社會中想吸引優秀人才，激發動機，根本是緣木求魚吧。

結論只有一個，既然無法改變過去，再追求「歷史正當性」也沒有用。那麼就談

「合法性」吧，但在由官僚體系支配的前提下，很難吸引現在的優秀人才，並激發動機，而且這根本不是個漂亮的想法。這樣一來，就只有依靠「卡理斯瑪」支配了。根據韋伯的定義，「卡理斯瑪」是具有「超凡的恩寵」的人物，因此世間並沒有那麼多。所以到最後我們必須做的，恐怕是挑戰如何「人工」培育出這種罕見「具卡理斯瑪性的人」了。如何用反向工程還原出天賦異稟，吸引人心的人，並且更大範圍地共享、實踐它，將會成為未來的重點。

20 他人的面孔

——只有「不能溝通的人」，才會讓人想學習和領悟

伊曼紐爾．列維納斯（Emmanuel Lévinas, 1906-1995）

法國哲學家。幼年熟讀猶太教經典《塔木德》，成年之後從事倫理學，以及埃德蒙．胡塞爾、馬丁．海德格之現象學的相關研究。

列維納斯所說的「他者」，並不是字面上「自己之外的人」的意思，更精確地說，應該是指「不能溝通者、無法理解者」。養老孟司教授在日本極暢銷的著作《傻瓜的圍牆》中敘述，如果淺白地表達列維納斯的「他者」，簡單地說，就是「有傻瓜圍牆擋在前面，無法互通的對象」。列維納斯留下的文本，每一份都極其晦澀，只讀這些，只能知道列納維斯自己把「他者」的概念，擴大到人以外的概念，但是看不太懂。像我們這些並非哲學研究者的人，能從列維納斯的文本中汲取什麼精華呢？

首先，只要知道「他者，就是不太能互相理解的對象」就可以了。

在二十世紀後半時，「他者論」浮上檯面，成為一大哲學問題，是有其必然性的。哲學是探討世界、人類本性的學問，但是，儘管自古希臘時代以來，耗費極大精力累積了許多研究，為什麼還是不能確定什麼才是「關鍵的一擊！」呢？答案很明白，因為某些人覺得「這就是答案」的論點，對「他者」而言，並不是答案。這門學問接連不斷地「提案」與「否定」，彷彿永遠未能達到「完全一致」，因而驅使「他者」的存在暴露出來，成為「不能理解的對象」。

列維納斯所說的「他者」，比我們平常用的「他人」這個詞，有更多負面的意涵。但即使如此，列維納斯還是繼續闡述「他者」的重要性與可能性。唔——，這種疏遠的對象、無法理解的「他者」為什麼重要呢？列維納斯的答案非常簡單。那就是「他者是『察覺』的契機。」

從自己的觀點去理解世界，與從「他者」的觀點去理解世界完全不同。這時，我們可以否定他者的看法，告訴他「你錯了」嗎？事實上人類的許多悲劇，就是從這種「我是正確的，他者不理解我的看法，是他錯了」的斷定而引起的。這時，如果把看法與己相異的「他者」當成學習或領悟的契機，我們就有可能獲得過去從未有過的、另一種對世界的看法。

列維納斯自己，似乎是從猶太教教師與自己的關係中，親身掌握到這樣的體驗。這種感覺，對有過跟隨師長學習經驗的人來說，應該很有共鳴吧。從我自己來說，學生時代有段很長的時間學習作曲，剛學的時候，老師曾提醒我「音符不能到外面去找」，但是總感覺不是很懂。這裡說的「不懂」當然不是語言上真的「聽不懂」，而是「不懂」老師的意圖是什麼。

但是，這種「不懂」在某一刻有所領悟時就煙消雲散了。那一刻發生了什麼呢？連我自己也無法回溯當時的體驗，總之，昨天為止還「不懂」的事，雖然不知為何不懂，但到了今天就感覺「懂了」。我相信有這種體驗的人應該不少。這時「我」這個詞界定的個人，在「懂」之前與之後，成了不同的人。因為，今天的自己把同樣一句話，丟給昨天的自己，也會像是撞到「傻瓜圍牆」一樣，不能到達另一側。也就是說「懂」這件事就是「變」的意思。這讓我想起，一橋大學校長，也是歷史家阿部謹也，曾在他的著作《在自己心中讀歷史》裡，提到他的指導教官上原專祿的一段小故事。

在上原老師的課堂中，我學到另一件重要的事。老師總是在學生報告時問：「所以你到底懂了什麼呢？」（中略）

就「懂，到底是怎麼一回事？」這一點，老師有一次告訴我們：「所謂的懂，就是自己經由懂而有了改變吧。」這句話讓我獲益良多。

阿部謹也《在自己心中讀歷史》

若要「了解」未知的事，就必須接觸「現在不懂」的事。如果因為現在「不懂」就以「我不懂」而拒絕，就喪失了「了解」的機會，也失去藉著「了解」而「改變」的機會。正因為如此，與「不懂的人，即他者」的相逢，成了自己走向「改變」的契機。這就是列維納斯所說「與他者相遇帶來的可能性」。

列維納斯在說明我們與不了解、有可能敵對的「他者」相遇之間，屢屢指出「面孔」的重要性。舉例來說，像是這段文章。

唯有他人面孔視像（vision）向我們宣告著「不可殺人」這件事，它不會回歸到自我滿足中，也不會回歸到測試我們能力的障礙經驗中。這是因為在現實中，殺人是可能發生的。但是只有在看不到他者面孔的狀況下，才能殺得了人。

伊曼紐爾・列維納斯《艱難的自由：評論猶太教》內田樹譯

像這樣讓人感覺「它的內容好像很重要，可是看不太懂」的文章並不少。列維納斯的文章整體上都很難懂，不過，直接擷取文字帶來的印象廣度，每個讀者都會有自己「茅塞頓開」之處。

列維納斯這裡想要說的是，即使與不理解的他者之間，也可以透過彼此「面孔」的視像交換，遏制關係的破壞。

讀他的論述，也許看不太懂，但是有很多電影或漫畫隱隱傳遞著相同的訊息。

舉例來說，就拿史蒂芬・史匹柏描寫地球外生命（以下簡稱為外星人）與小孩子交流的電影名作《E. T.》來說吧。

這部電影中，描寫的是外星人來到地球探查，被太空船拋下後，與盡力想幫助他回到外太空的孩子之間的情誼。地球的大人們被描寫成敵人，他們追逐著孩子們，想抓外星人作為研究材料。孩子們一行最後逃出包圍，平安送外星人到太空船停靠地點，最後登船離開地球的故事。

其實，《E. T.》這部電影，有個可以說是異常的特徵，那就是「畫面中沒有出現大人的臉」。直到電影最高潮之前，畫面中出現的完全都是「孩子的臉」和「外星人的臉」，「大人的臉」除了主角艾略特的母親之外，幾乎都沒有在畫面中出現。也就是說，在這部電影中，對主角艾略特來說，大人被描繪成「他者」。

當然，如果電影出場人物原本就只有小孩，沒有大人的臉自然有其道理。但是，這部電影的主題是「想辦法護送外星人回到母星的小孩」與「想捕捉外星人作為研究材料的大人」鬥智的過程。當然會有大量的大人出場。但是，畫面中幾乎沒有這些敵對大人的面孔。還在想大人的臉會不會出現時，鏡頭卻很不自然地切掉腰部以上的部分，或是用逆光只拍出輪廓，或者是戴上防止放射線侵害的頭罩，永遠看不到他們的表情，並沒有交換列維納斯所說的「面孔」視像。

大人面孔的出現，是在電影後半進入最高潮時，為了幫助瀕死的外星人，大人和孩子們互相合作的場景。大人們第一次取下頭罩，面對孩子，與主角艾略特等人交換「面孔的視像」。

列維納斯提倡的「他者」概念，到了今日，重要性愈來愈升高。例如，在考慮日本的狀況時，腦中立刻浮現出北韓、伊斯蘭國等感覺很難對話的國家間關係。再看看日本社會，網絡造成的「島宇宙」化現象❹愈來愈嚴重，依照年薪、職業、政治傾向形成的各個社會小團體，基本教義式的同溫層效應愈來愈升高，團體間互相交換意見愈來愈困難，幾乎到了「無法對話」的地步。但愈是到了這種狀況，愈是必須努力「面」對「面」地持續對話才行，不是嗎？

❹譯注：意指如同小島般散布在大宇宙中。

21 馬太效應
——「凡是有的，還要賜給他，使他豐足有餘；凡是沒有的，連他有的也將從他那裡被拿走。」

羅伯特．金．莫頓（Robert K.Merton, 1910-2003）

美國社會學家，對科學社會學的發展貢獻卓著，提出「馬太效應」、「預言的自我成就」等概念，今日已被廣泛引用。

怎麼樣才能生出或培養出聰明，或是運動神經超群的孩子？這是世上所有父母最關心的問題，因此社會上散布著大量的相關訊息。我們經常會聽到，懷孕時多攝取鐵質比較好，或是青魚所含的ＤＨＡ對大腦發育有幫助，所以大家，尤其是女性為了孩子十分辛苦。但是，如果我說，有許多人「不用」實踐這些理論，也能生出成績或運動能力好的孩子，你一定會大吃一驚吧。

方法就是要在四月生孩子。

很多人可能都已經知道，日本職棒選手或職業足球選手的誕生月，以在四月、五月等「接近上半年度月」出生的人最多，多到連統計的離散程度都無法解釋的地步。具體來說，以職棒選手為例，十二個球隊的登記選手有八百零九人（外國選手除外）中，四月～六月出生的選手有二百四十八人，占全體約三一％，而一月～三月出生的有一百三十一人，只占一六％。

這種情形在日本足盟裡也是一樣。日本甲組聯賽十八個球隊的登記選手，總共有四百五十四名，看看他們的出生月，四月～六月出生的有一百四十九名，約占全體的三三％，一月～三月出生的有七十一人，占一六％，相當於前者的一半。[1]

從人口統計上可知，人口出生率並未因為誕生月的不同而有差異，因此照理職業選手中每個月出生的人應該各占八．三％，一個季度為二五％。因此，職業棒球／日本足盟在四月～六月出生的選手占三一％～三三％的事實，確實在暗示「有什麼

1　職業棒球的數據引自《職業棒球名鑑二〇一一年版》，日本足盟的數據引自《官版年鑑二〇一一年》，雖然數據稍微舊一點，但各年的傾向沒有太大的變化。

事發生」。

運動方面我們已經知道了，那麼學業方面呢？這部分，我們也發現在統計上「好學生」出生在四月～六月的比例比較高。

一橋大學川口大司準教授分析國際學力測驗「國際數學、理科教育動向調查」的結果，發現四到六月出生的孩子，與其他時期出生的孩子相比，學力相對較高。

這裡暫且略過詳細說明，根據川口準教授的分析，日本國中二年級（約九千五百人）與小學四年級（約五千人），按出生月分計算數學和理科的平均偏差值，發現自四月起依序往下到明年三月，平均偏差值會很整齊地一路下滑。四月～六月出生的平均偏差值，與一月～三月出生的平均偏差值，偏差值差約五～七。偏差值五～七的差距，表示志願學校排行整個差了一截。所以，這裡沒處理好，恐怕會對人生造生衝擊性的差距。

如果是小學一年級或二年級，感覺可以理解四月生與三月生在學力上發生的差距。因為小學一年級入學是七歲，四月生的孩子以月數為單位，自出生開始，已經累積了八十四個月的學習，而三月出生的孩子只有七十三個月的學習期，約少了一三%

左右的學習期❺。學習量的累積差了一成以上，因此可以了解自然也就出現差距了。

但是，在川口準教授的研究中，可以看出不論是國中二年級或小學四年級，同樣都有四月生與三月生的差距。國中二年級的話，是十四歲，所以自誕生以來的累積學習月數，四月生的人是一百六十八個月，三月生的話有一百五十七個月，學習期差距只有七％弱。這個差距在平均偏差值會產生那麼大的差分，在學習理論的框架上是無法說明的。

這個差異用科學社會學中的「馬太效應」就可以說明。科學社會學的創始者羅伯特．莫頓指出了「累積優勢」機制的存在，條件優秀的研究者，拿出優秀的成績，於是得到更優秀的條件。莫頓借用了《新約聖經》〈馬太福音〉中的一節「凡是有的，還要賜給他，使他豐足有餘；凡是沒有的，連他有的也將從他那裡被拿走」，將這個機制命名為「馬太效應」。

例如著名科學家所寫的科學文獻，會得到誇張的肯定，但無名的科學家無法得到

---

❺編註：日本的學制是每年四月開學，收到三月底為止出生的孩子，如果是四月出生的孩子，就要在下一學年度入學。

這種肯定。例如，得到諾貝爾獎之後，一生都是諾貝爾得獎者，這位得獎者在學界獲得了有利的地位，因此，在科學資源的分配、共同研究、繼任者的培養等，愈來愈能發揮重大的功能。相對地，無名的年輕科學家的論文，不容易得到學術雜誌的青睞，發表成績方面也會較著名科學家不利。

這種「馬太效應」在孩子們的身上也會發生嗎？多年來教育相關者一直都在討論這個假說。例如，若是同學年的學生組成棒球隊，四月生的孩子不論在體力方面、精神方面，發育得都比較好，有利之處比較多。因此，他們最後都會被選為隊裡的明星，獲得優質經驗和指導的可能性也比較高。人只要得到成長的機會，動機就會提高，也會更努力練習，所以差距就愈來愈大。

對「馬太效應」的是非爭議先放一邊，但四月生的人在運動和學業都比三月生優秀的統計事實，與莫頓針對其原因提出的假說，給了我們一個重要的訊息，去反省組織中「學習機會的有無」。

我們經常有個不好的毛病，就是疼愛「學習吸收快的孩子」，對進步太慢的孩子，則早早放棄。為什麼會發生這種狀況呢？因為教育的成本不是無限的。這一點在公司對教育的投資上也是相同的道理，因為教育機會也是一種社會資本。我們對「性價比效果高的孩子」有分配較多教育投資的傾向。因此，根據初期表現的結果，能力好的孩子會給予更好的機會，讓他受教育，結果更提高了他的表現。相反地，在打擊位置第一次拿不出好表現的孩子，立場就會愈來愈艱難。這種情形經常可見。但是，如果這種現象持續，很可能組織內全都是「領悟快又伶俐的員工」，卻遠離了雖然花時間琢磨，但是本質上很想努力了解事物的人（也就是會想出點子，成為革新種子的人）。而且這種「模範生如林」的組織，在中長期還是會變得脆弱。

從胚胎的角度來想，「四月生的孩子成績好，運動也強」是件不合理的事實，但它卻告訴了我們，在培育人才之際，不要太意識最早期表現的差異，必須將眼光放遠一點來考慮人的潛力和成長比較正確。

22 奈許均衡

——最強的策略是「好人，但也接受挑釁」

約翰・奈許（John Forbes Nash Jr., 1928-2015）

美國的數學家，在賽局理論、微分幾何學、偏微分方程上留下偉大的成就。奈許提倡的奈許均衡非常有名，所以一般人認為，賽局理論是奈許畢生的事業。但其實奈許是在修博士課程及之後的短短幾年間，從事賽局理論研究的。生涯的晚年，是普林斯頓大學的研究數學家。一九九四年獲得諾貝爾經濟學獎。

奈許均衡是賽局理論的用語，意思是指，參加比賽的參賽者，不論哪一方，都不能經由採取其他的選項，達到更好的期待值，即處於「均衡」的狀態。解說奈許均衡最有名的思考實驗，是「囚徒困境」。本來這是普林斯頓大學的數學家亞伯特・達克（Albert W. Tucker）在一九五〇年演講時使用的一種思考實驗。亞伯特・達克正是「奈許均衡」的發明者約翰・奈許的指導老師。

「囚徒困境」的思考實驗是這樣的。一組銀行雙盜被警察逮捕後，分別安置在不同房間裡接受偵訊，檢察官向兩名嫌犯提出條件：「如果你們兩人繼續保持緘默，便會因為證據不足而判刑一年，兩人都認罪的話，刑期五年。但如果對方繼續保持緘默，而你單獨認罪的話，將因為協助調查，而無罪釋放。對方則判刑十年。」

這時候，兩個嫌犯應該會這麼想。「如果對方緘默，而我認罪的話就會無罪釋放，但我也緘默的話判刑一年，這種狀況下認罪比較有利。相反地，如果對方認罪，我也認罪，判刑五年，自己緘默的話判刑十年。這個選項也是認罪較有利。總之，不管另一人認罪或緘默，對我而言，認罪都是合理的。」結果，兩名囚犯雙雙認罪，兩人都接受了五年的刑期。為了獲得最大的利益，採取合理的策略，但結果未必能得到所有參賽者的最大利益。這在專業上稱之為非零和賽局。

這個「囚徒困境」雖然是以一次定輸贏的方式來決定參賽者利益的比賽，但在真實社會事情並沒有那麼單純，常常會多次在該協調還是該背叛的選擇間來回。這種稱之為「重複的囚徒困境」的賽局，反映出「多次反覆」的一面，也給社會人決策時更深刻的啟示。

在這個比賽中，參賽者分別手拿「協調」和「背叛」的牌子，聽到信號的同時，將牌亮給對方。如果兩人都背叛的話，兩人都得到一萬圓的賞金，如果兩人都協調的話，兩人都得三萬圓的賞金。如果一方背叛，另一方協調的話，背叛方可得到五萬圓賞金，協調方什麼都拿不到。好，問題來了。若想拿到最高的賞金，應該做什麼選擇呢？

這個比賽簡單的程度讓它掀起了難以置信的嚴重爭論，最後，密西根大學的政治學者羅伯特・艾瑟羅德（Robert M. Axelrod）將「重複的囚徒困境」讓電腦同好對戰，經由比賽競爭決定哪個程式能得到最高的利益。這個比賽中，由政治學、經濟學、心理學、社會學等領域的十四名專家分別攜帶竭盡心思設計的電腦程式參加，艾瑟羅德再加入會隨機輸出「協調」和「背叛」的隨機程式，總計十五個程式進行循環戰。實際上，每一回合比賽會進行二百次「囚徒困境」的遊戲，一共舉行五回合，再比較平均獲得的分數。

看到結果後，相關者非常驚訝。得到冠軍的竟然是所有報名單位中，最簡單，只有三行的程式。這個程式是多倫多大學心理學家阿納托爾・拉波波特（Anatol

Rapoport）撰寫的。具體來說，這個程式設定第一次亮出「協調」，第二次亮出前一次和對手相同的牌，之後就一直重複。可以說極為簡單。

其實，這個實驗在選擇的程式和結果合理性上，遭到各方面的批評。但是艾瑟羅德整理的「這個程式優勢的重點」十分耐人尋味，所以我們先將批評放在一邊，來說明一下這個重點。

第一，這個程式絕對不會主動選擇背叛。一開始先協調，只要對手協調，就會一路協調下去，是所謂的「好人」戰略。

在這個前提下，第二，對手若是背叛，自己也立刻背叛回去。一味協調，而對手背叛，損失會擴大，所以要立刻處罰對手。也就是說雖然是「好人」，但也立刻接受挑釁。

進而第三個重點，己方抱持「寬容」，只要背叛的對方再次回到協調，己方也回到協調。過去的事不再計較，握手言和，這就是好人戰略。最後，這個程式有個非常單純好懂，也容易預測的特色，就是從對手方來看，他們可以明確知道「只要我方不背叛，對方就是好人，我方背叛，他們也背叛」。

重複的囚徒困境

單次

選手A ＼ 選手B	緘默	認罪
緘默	A：1萬圓 B：1萬圓	A：5萬圓 B：釋放
認罪	A：釋放 B：5萬圓	A：3萬圓 B：3萬圓

↓

反覆的狀況

對手一旦背叛，就會一直背叛下去
只要對手協調，就會一直協調下去

把這幾個優勢重點排列出來，大家一定會想：「咦，這不就是美國人的行事風格嗎？」但是重點不在這裡，而是這個非常單純的策略滴水不破，幾年後的第二屆比賽中，參賽者遠多於第一屆，其中還包含運用統計解析手法的高級程式競爭對手，但該程式在對戰後依然衛冕成功。這個結果讓人認識到拉波波特想出的程式面對非常大範圍的戰略，依然是有效的策略。

人對他者的基本認識有相當大的分歧，例如「看到外人就當小偷（防人之心不可無）」這句格言，也許有人會認為這句話是人類智慧的結晶，但是，只要對方不背叛就一直協調下去的這個程式，成為「重複的囚徒困境」最強策略的此一結果，給我們很多深思的空間。艾瑟羅德把這些研究匯整成《合作的競化》一書，在如何將賽局理論活用在實際生活中這一項上，他也暗示「這套協調策略，在預料將長久往來的案例中十分有效，但其他狀況不在此限」，有興趣的讀者不妨找來看看。

23 權力距離

——上司應積極探尋反對自己的意見

吉爾特・霍夫斯泰德（Geert Hofstede, 1928-）

荷蘭社會心理學家，是組織、國家、民族間文化差異研究領域的先驅。

大家都知道，客機在飛行時機長、副機長是各司其職。副機長通常要花費十年左右的時間才能升級為機長。想當然耳，機長在經驗、技術、判斷能力等各方面，都比副機長要強得多。但是，從調查過去客機事故的統計中發現，機長手握操縱桿時發生墜機事件的頻率遠比副機長手握操縱桿時多，這究竟是怎麼回事呢？

這個問題暴露出組織體系所具有的奇妙特性。如果把組織定義為「為達某個目的而聚集的兩人以上團體」，那麼飛機的駕駛艙，也可以想成是最小的組織。

想提高組織決策的品質時，因「意見不同造成的摩擦」能表達出來十分重要。當某人覺得另一人的行為或判斷「有點奇怪」的時候，有必要毫無顧忌地出聲提醒。也就是說，在飛機的駕駛艙中，一方能夠對另一方的判斷或行為毫無顧忌地表達反對意見，是十分重要的事。

然而，當副機長手握操縱桿時，機長身為長官，對副機長的行為或判斷表示異議，是件很自然的事。可是，當狀況反過來時又是如何呢？機長手握操縱桿時，身為下屬的副機長，能夠對機長的行為或判斷表達反對意見嗎？恐怕應該會有些心理上的抗拒吧。而由於心理上的抗拒，便封殺了自己的疑惑或意見，結果就是在統計中出現「機長握操縱桿的時候，比較容易發生意外」的結果。

我們已經知道，反駁長官時下屬感受到的心理抗拒，會隨著民族不同而有程度上的差異。荷蘭的心理學家吉爾特．霍夫斯泰德在世界各地進行調查，將「下屬向長官反駁時感受的心理抗拒程度」數值化，定義為權力距離指標（Power Distance Index，PDI）。

霍夫斯泰德本來是馬斯垂克林堡大學組織人類學及國際經營管理的研究學者。

一九六〇年代初期，霍夫斯泰德就已經是研究國民文化及組織文化的第一把交椅，聞名國際。他接受ＩＢＭ的委託，自一九六七年起到一九七三年間，展開長達六年的研究計畫。結果發現，ＩＢＭ各國辦公室的主管與下屬工作與溝通的方式大為不同，對智慧的生產造成極大的影響。霍夫斯泰德設計出含有許多項目的複雜問卷，經過多年歲月，從各國收到大量的數據資料，能夠從各種角度分析「文化風俗帶來的行為差異」。他後來的論述，幾乎都是根據此時的研究基礎以各種形態完成的。

具體上，霍夫斯泰德著眼於文化上的差異定義了以下六個「維度」，今天一般以「霍夫斯泰德的六個文化維度」稱之。

①Power distance index (PDI) 權力距離

②Individualism (IDV) 個人主義的傾向

③Uncertainty avoidance index (UAI) 不確定性的規避傾向

④Masculinity (MAS) 追求男性化與女性化的傾向

⑤Long-term orientation (LTO) 長期取向

⑥Indulgence versus restraint (IVR) 自身放縱與約束

霍夫斯泰德將權力距離定義為「在各國家的制度與組織中，權力低的成員，對於權力不平等分配狀態的預期、接受程度」。例如，像英國這種權力距離小的國家，不重視特權或身分象徵，傾向將人與人之間的不平等壓制到最小。權限分散傾向強，下屬期待主管在執行決策前與自己商量。

相對地，權力距離大的國家，人與人之間反而較期望以不平等的狀態來思考，權力低者依賴支配者的傾向較強，會朝中央集權前進。

如上所言，權力距離不同，對職場中主管與下屬的上下關係產生很大的影響。霍夫斯泰德明白指出「在權力距離小的美國，這裡的目標管理制度，是以下屬與上司處於對等立場，擁有談判空間為前提下開發的技術。但若在上司下屬都會感受到壓力，權力距離大的文化圈中，這種架構幾乎不可能發揮功能。」下頁為霍夫斯泰德所調查先進七國的權力距離，雖然我們很難想像，但是日本權力距離的分數果然相對上名列前茅。

法國：68
日本：54
義大利：50
美國：39
加拿大：39
舊西德：35
英國：35

霍夫斯泰德在該調查中指出，在韓國或日本等「權力距離大的國家」，「多次觀察到職員對與上司唱反調感到猶豫」、「對下屬來說，上司很難接近，更幾乎不可能面對面陳述反對意見。」

那麼，權力距離的大小，具體上會產生什麼影響呢？從日本的現狀來思考，可以提出兩點啟示。

第一個啟示，是服從的問題。在組織之中，擁有權力者執行在道義上有錯的決策時，組織中的下屬能不能質疑「這麼做有問題」呢？霍夫斯泰德的研究結果顯示，與其他先進諸國相比，日本民眾「對發言有抗拒感」的程度，相對上比較強。

第二個啟示是關於革新的問題。本書其他章節會提到的科學史家湯瑪斯．孔恩，認為發動典範轉移的人物有幾個特徵，「要不就是非常年輕，要不就是進入該領域時日尚淺」。這也就是暗示我們，在組織中立場相對較弱的人，比較容易具有可能引發典範轉移的創意。因而，一般認為，組織中立場較弱的人若能積極表達意見，可以加速革新的進程。但日本權力距離相對較大，組織中立場較弱者的聲音，往往會被扼殺。

以上兩點告訴我們，組織中的領袖對下屬抱持的反對意見，採取如果對方表達就聽的「消極傾聽」態度，是不夠的，必須採取更積極的態度，甚至尋求反對自己的意見才行。

24 反脆弱

——「工程公司的木工師傅」與「大型承包商的職員」哪一種走得遠？

納西姆・尼可拉斯・塔雷伯（Nassim Nicholas Taleb, 1960-）

出生於黎巴嫩，美國作家，認識論者、獨立研究者。曾是數理金融學的實踐者。長年在紐約華爾街工作，是金融衍生商品的專家。之後成為認識論的研究者，著作有《黑天鵝效應》、《反脆弱》等書。

反脆弱是指「混亂和壓力反而使表現提高的性質」，用日語來體會感覺像是骨頭很硬，不過原書中用的是一個新造形容詞 Anti-Fragile。不管怎麼樣，我們一般使用的詞彙中，沒有能那麼精準表現這種性質的詞。這一點在本書後半部提到索緒爾的語言學那一條時，會再詳述。我們的語言，反映我們認識世界的框架，所以，在英語或日語中，都沒有直接意味「反脆弱」的詞。這也就暗示著，它是個全新的概念。

一般我們把遇到混亂或壓力就立刻毀壞，或狀態變不好的性質，形容為「脆弱，即Fragile」。那麼，與它對立的概念是什麼呢？通常會想到的是「頑強，即Robust」。但是，真的是這樣嗎？這便是塔雷伯思考的出發點。假如脆弱的定義是「混亂或壓力的升高導致表現低落的性質」，那麼與它對置的應該是「混亂或壓力的升高反而導致表現更好的性質」吧？塔雷伯將它命名為「反脆弱性，即Anti-Fragile」。塔雷伯這麼寫道：

> 反脆弱性不只是堅韌或強固而已。堅韌可以抗拒震撼，保持原狀；反脆弱表現得更好，任何與時俱變的東西，例如進化、文化、觀念、革命、政治體系、技術創新、文化經濟的成就、企業生存、美食食譜（例如加一滴干邑白蘭地的雞湯，或者韃靼牛排）、都市的崛起、法律體系、赤道的熱帶雨林、細菌的抗藥性等，都具有這個特質。連我們作為地球上的一種物種的存在也是一樣。反脆弱性決定了人體這樣的活物、有機物、複合物，與桌上的釘書機等無機物之間的不同。

壓力或混亂或失誤反而提高系統整體的表現，這種說法也許很難想像。例如，所謂炎上行銷❻，也可以叫做 Anti-Fragile。說到炎上，對主角絕對是壓力吧，但是藉由壓力反而使得集客或集資表現更亮眼，這就可以說是「反脆弱的特性」。電影《華爾街之狼》裡，李奧納多．迪卡皮歐扮演的從失業者到年薪五十億日圓的證券經紀商，就是現實世界裡的真實人物喬登．貝爾福。在電影中，當貝爾福擔任金融經紀公司社長時，《財富》（*FORTUNE*）雜誌的報導是毀謗性的，貝爾福勃然大怒，他的妻子安慰他「There is no such Bad Publicity（這世上沒有「壞行銷」）」。沒想到因為這則毀謗報導，一大堆人跑來貝爾福的公司應徵，而且公司也開始爆發性地擴張。這也可以視為「因為壓力反而提高系統表現的例子」。人體也是這樣，身體有斷食或運動的「負荷」，反而會變得健康。所以，身體也可以視之為反脆弱的系統。

塔雷伯非常重視「反脆弱性」的概念，是因為我們活在非常難預測的時代。如果風險能事先預測，那麼只要架個「頑強的系統」對付風險就行了。像是造個超級堤防來防範海嘯，但是做得到嗎？塔雷伯這麼說：

研判某樣東西是否脆弱，遠比預測發生某件事可能傷害它要容易。脆弱性是可以衡量的，但風險則無法衡量（除了賭場，或是有些人自稱「風險專家」）。我所說的「黑天鵝」問題——我們不可能計算重大稀有事態的風險，並且預測它們是否發生。研判有些東西到底有多容易受波動傷害很容易處理，比預測是否會發生造成傷害的事件好著手。所以，我們建議顛覆現在的預測、預言和風險管理的方法。

「乍看之下脆弱，但其實是反脆弱系統」與「乍看之下頑強，但其實是脆弱系統」的對比，社會上隨處可見。例如，「有一手好功夫的工務店木工」與「大型承包商的綜合職員」，或是「阿美橫商店街」與「大型百貨公司」，「淑女腳踏車」與「賓士S系列」等。比較五萬日幣的淑女腳踏車，與一千萬日幣的賓士，我的看法是「後者比較脆弱」，很多人聽了會感到訝異吧。因為，會有此印象的前提，畢竟是在「系統正常運作的狀態」下。三一一日本大地震的時候，即使是在東京，交通網也完全

❻ 譯注：透過負面新聞炒紅名氣的行銷。

癱瘓，筆者在辦公室附近買了一輛自行車，花兩個小時騎回三十公里外的家，但是靠汽車通勤的人，花了五倍以上的時間。

那麼，將「反脆弱」套用在組織和職業上來思考，我們得到什麼啟示呢？

首先，就組織理論來說，刻意的失敗十分重要。愈是處在壓力小的狀態，系統就愈脆弱，所以，隨時保持一定的壓力、施加自身不會瓦解程度的壓力，是重要的。為什麼呢？因為失敗會刺激學習，提高組織的創造性。

同理也可以套用在職業理論的範疇。提到「金飯碗」，一般想到的都會是「大型都市銀行或綜合商社等在社會早有定評的大組織，只要進入這種機構，就能平安無事、也不會經歷重大失敗地飛黃騰達」。但是，這種職業真的如世人所說的那麼穩固不壞嗎？在我撰寫本書的二〇一八年二月，大型都市銀行裁減人事的新聞引發社會譁然。從組織理論的專家來看，銀行的工作愈來愈往模組化發展，手續的規程也非常精練，所以最容易被機械所取代。若是在大組織工作，且一直待在裡面，那個人的人力資本（技術與知識）或社會資本（人脈、評價、信用）就幾乎都累積在企業之內。但是這個人一旦離開公司，這套人力資本或社會資本就會大幅縮減。也就是說，如果將人當成一個企業來考量，那個人的資產負債表在離開公司之後，便會變得極度「脆弱」。

那麼，該怎麼辦呢？盡可能在年輕的時候累積多次失敗，多多進出各類組織或社團，分散人力資本和社會資本形成的地方，這些條件都十分重要。也許一個個組織或社團都很脆弱，但是重要的不是組織或社團的存續，而是該成員的人力資本、社會資本是否能留存下來。即使該組織或社團消滅了，若是曾經隸屬該處的成員之間，已經擁有信任，這個人的社會資本就能呈阿米巴狀分散且維持，不會縮減。

將這個論點再往下推展可以得到，塔雷伯指出的「反脆弱」概念，讓我們領悟到過去思考的「成功模式」、「成功形象」都已被迫改寫了。如同前述，我們腦中的「成功形象」就是，自己盡可能找到「穩固」的組織或職業。但是，在現在這種難以預測，不確定性高的社會，愈來愈看得出，乍看「穩固」的系統其實非常脆弱。如何在自己所屬的組織或是自己的職業補強「反脆弱」，已經成為一大論點了。

第／3／章

關於「社會」的關鍵概念

——為了理解「現在有什麼事在發生」

25 異化
——人類被自己建立的系統擺了一道

卡爾・馬克思（Karl Marx, 1818-1883）

出生於普魯士王國的哲學家、經濟學家、革命家。一八四五年脫離普魯士國籍後，成為無國籍人士。一八四九年（三十一歲）赴英，以英國為據點活動。獲得弗里德里希・恩格斯的幫助，奠定了科學社會主義（馬克思主義），形成了總括式的世界觀及革命思想，倡說在資本主義高度發展下，共產主義社會來臨的必然性。他一生對資本主義社會的研究，匯總成了《資本論》。依據該理論發展的經濟學體系稱為馬克斯經濟學，對二十世紀以來的國際政治和思想，造成莫大的影響。

異化（alienation）這個詞，是馬克思留下的眾多關鍵詞中，比較容易被誤用的用語之一，但是它並不是特別難解的概念，難解的原因毋寧說是因為世事紛擾。學會這個概念，有助於對各種狀況做出正確的理解。

所謂異化，是指人們所建立的事物脫離人群，甚至轉而控制人群的意思。多數的解說都會用「變得疏離」來解釋它。但是，如果只是變得疏離，別理它就行了，並不會造成太大的禍害。異化衍生成的大問題，在於人類被自己建立的系統擺了一道。若以男女關係來比喻，「變得疏離」的意思，是「彼此變得拘謹，產生距離感」的感覺。其實不是這樣，而是帶有「被折騰擺布」的意涵。

馬克思在他的著作《經濟學哲學手稿》中指出，資本主義社會發生的四個異化是必然的結果。

第一個是勞動生產物的異化。資本主義社會中，勞工靠著薪資勞動生產出來的商品，全部都成為資本家所有。獵人在山裡把陷阱裡抓到的熊帶回家，是天經地義的事。但是工廠製造出來的商品，卻不允許工人任意帶回家。為什麼不可以呢？因為工廠生產的商品屬於公司的資產，計入資產負債表中的庫存資產中。既然被算進資產負債表裡，就表示它是公司的資產。簡言之，它屬於股東、資本家。儘管商品是用自己的勞力生產出來的，卻不屬於自己，甚至在它被送到市場上後，反過來影響自己的生活。這就是勞動生產物的異化。

第二項是勞動的異化。現在這個主張也許未必合時宜了，但馬克思認為，勞動中的多數勞工，都感覺到痛苦、沉悶，處於自由受壓抑的狀態。以亞當・斯密為首的古典派經濟學家倡導藉由分工提高生產力，但最後，卻讓勞動墮落成讓人們「感到沉悶，盡可能想逃避的事」。馬克思把這個狀況視為一大問題。總之，他指出本來「勞動（labor）對人類而言，應該是項創造性的活動（work）」，但被薪資勞動限制而扭曲了。人們在勞動期間無法感受到自我，要從勞役中解放後，才能成為獨立的自我。這就是勞動的異化。

而沿著上述的兩項，就可以推衍到第三項，類的異化。「類的」這個詞好像譯得很奇怪。查閱原書會發現它在德語中是「gattung」這個詞，英文版則是「species」，不論是上述哪一種，也許譯成「種」的語感比較吻合。但是縝密地說，德語的gattung和英語的species並不相同。馬克思《經濟學哲學手稿》英譯版的譯者馬丁・米利根（Martin Milligan）曾回憶說他將德國原有的語感譯成英文，花了很大的心力。

那麼「類的異化」是怎麼一回事呢？馬克思說，人類是類的存在，隸屬於某個「種類」，所以我們這種生物會形成健全的人際關係。但是分工和薪資勞動，破壞了健全的人際關係，勞工成了資本家擁有的公司或社會的「機器零件，即齒輪」。這就是「類的異化」。

第四項是與人（他人）的異化。意譯成較淺白的說法，就是「與人性的異化」。資本主義社會對勞工個人價值的評價，只在於他們能將社會或公司齒輪的功能發揮到多大，也就是只著重在他們的「生產力」。到了這種地步，人的興趣就只放在如何以縮短工時盡早賺得報酬，而喪失了人性中「勞動的喜悅」與「贈與的喜悅」的部分。甚至人們會更專心在「如何從別人手上奪取」與「如何超越別人」上。這就是與人性的異化。

前面解說了馬克思原始主張的四個異化。如果各位讀過原書，就應該會知道，馬克思原本是在資本主義社會的基礎下，整理出四個異化的。馬克斯認為這四個異化是資本主義社會發展出勞動與資本的分離，或分工造成勞動系統化所產生的弊害。如果把異化的概念擴大一點，即以「自己被自己創造的系統折騰、破壞」來思考，就會發現，「異化」在形形色色的領域都發生過。

例如，資本市場本來就是人建立起來的架構，但是現在，沒有人能夠駕馭得了它。不只不能駕馭，連它會有什麼走向，都難以預測，許多人都被它折騰擺布。

縮小一點框架來說，企業的人事考核體系也是其中之一。人事考核體系是為公正評估人的能力或成果而人為設計的系統，目的是讓組織有最佳的表現。也就是說，為了「讓組織有最佳的表現」這個目的，所以才開發出「人事考核制度」的方法。但是如各位所知，幾乎所有的日本企業，都把目標放在「不論如何都要讓人事考核制度運轉」本身，幾乎都沒有執行初始的目的——也就是從「讓組織有最佳表現」的觀點來評論員工，這也可以算是一種異化。總括來說，異化的意思，就是本末倒置，翻轉了目的與系統之間原本設定的主從關係，變成系統為主，而目的從屬於系統。

一旦出了什麼問題，我們總是想建立一個系統來解決它。但是，至於該系統是否真能解決問題，恐怕也很難說。多數時候，該系統會衍生出別的問題，而且結果還是沒有解決原本存在的問題，前述的人事考核制度就是其中之甚。舉一個最近的比喻來說，公司治理（corporate governance）相關的規範與規則等，很可能在三十年之後，就會成為令人印象深刻的異化例子。企業活動的倫理規則，首要仰賴的便是企業經營相關者的倫理觀或道德觀。不朝這方面思索並準備，反而耗費極大精力建立規範、從外側監視遵守狀況，但最後，也沒有解決問題。這一點，只要看到不論如何整建會計制度，但還是無法根絕作假帳的狀況就可以明白。若想要靠規則或系統控制人的行動，它就會自己發生「異化」。既然如此，我們不如從理念或價值觀等內在精神去促成期待的行動，或許更為重要吧。

26 利維坦

「依靠獨裁形成的秩序？」「擁有自由的無秩序？」

湯瑪斯・霍布斯（Thomas Hobbes, 1588-1679）

英國哲學家。一六五一年完成的大作《利維坦》奠定了社會契約理論，延伸到現代成為政治哲學的基礎。除政治哲學之外，他在歷史、法學、幾何學、氣體物理學、神學、倫理學、一般哲學等多個領域，都頗有貢獻。

利維坦不是霍布斯創的詞，原本是《舊約聖經》中出現的怪物名字。例如，在《舊約聖經》〈約伯記〉中有如下的描寫。

牠眼睛好像早晨的光線，
從牠口中發出燒著的火把，

與飛迸的火星。（中略）
牠頸項中存著勁力，
在牠面前的都恐嚇蹦跳。

《舊約聖經》〈約伯記〉第41節

讀到這段描寫，我們日本人大概都心裡有譜，「這不就是哥吉拉嗎？」霍布斯想像的，似乎也正是那種「超自然的巨大威力」。

霍布斯對世界這個系統的狀態進行了思考實驗，但他設定了下面兩個前提：

①人的能力沒有太大的差距。
②人想要的東西稀罕而有限。

這種思考方式相當地機械性，這個想法與霍布斯之後出現的笛卡兒和斯賓諾莎互有共通之處，稱作「唯物論的世界觀」或「機械論的世界觀」。用詞有點難懂，意思就是，這個機械性的世界觀如同時鐘的機關，排除了精神性或情緒性。從生活在現代的我們來看，也許這樣的想法並沒有那麼奇怪。但是在霍布斯所處的十七世紀末年，人們的思想主流還停留在「上帝創造世界」……甚至應該說，膽敢不這麼想的話，就會被當成異端遭受火刑。所以霍布斯的這種想法是極具革命性的。

我們再回到主題。霍布斯將從這兩個命題必然會帶出來的「社會應有狀態」定義為「一切人對一切人的戰爭」（bellum omnium contra omnes），所有人為爭奪稀有的事物而彼此爭鬥。用現代的講法，他指出，「反烏托邦」才是世界的本質。霍布斯具體地記述了這樣的狀態。

既不耕作土地，也不去航海，更不利用從海路輸入的物資，也沒有方便的建築，搬運需要大量人力的貨物的工具、有關地表的知識、時間的計算、技術、文字、社會無一不缺。最糟糕的是，無窮無盡的恐怖與暴力帶來死亡的危險。因此，人的生活孤獨又貧瘠，殘忍而且短暫。

當然，對任何人來說，這都不是愉快的狀態。因此出現了「我答應不出手奪取你的所有物，請你也答應不奪取我的所有物」的思考方式——構成社會的全體成員一起決定了規則，然後遵守這個規則的思考方式。

但是霍布斯認為，光是這樣還不夠充分。霍布斯說「無劍的契約只是空話，完全沒有保護身體的力量。」簡言之，他的想法是認為「如果破壞約定時沒有處罰，規則就沒有意義」。

為了解決這個問題，中央必須設置權威，擁有處罰犯法者的權力，全體同意由這個權威嚴格取締不遵守規矩的人。霍布斯主張，若想保障社會民眾的自由與安全，唯一的方法就是設置強大的權威，讓它持有剝奪個人自由與安全的權力，以它來統治社會。為表達它的強大、可怕，因而將這「巨大的權威」命名為「利維坦」。

這裡必須注意一點，要嚴格區別本書一開頭提到的「從過程中學習」與「從輸出中學習」。霍布斯的輸出，簡單歸納起來，即是「必須有國家權力來建立安全的社會」。但是，只把這個主張當成知識來學習，並不能獲得豐碩的智慧之果。舉例來說，假設有個鬆散的組織，若是希望利用權力集中的方式恢復安定的人，也許會覺得霍布斯「必須有國家權力來建立安全的社會」的主張，會成為強有力的說服材料。但是，從文章的脈絡來看，他們取用霍布斯的主張，並不是他初始的意思，而且從論述援用的點來看，也是錯誤的。

依據霍布斯思考的過程，探索他為什麼會產生這樣的主張（即輸出），才是重點。但是，思考過程是什麼樣的呢？恰巧霍布斯自己的說明，就給了我們答案。霍布斯極其謹慎地做了這樣的說明。

> 人之所以能保護自己，抵禦外敵入侵或是相互的權利侵害，以及靠著自己的勞動和大地獲得的收穫養活自己，過著快樂的生活，全都是仰賴公共的權力。而鞏固這個權力的唯一途徑，是將他們擁有的所有力量，交付給一個人或者合議體，藉由多數決，將所有人的意志結集成一個意志。

總之，霍布斯並不是無條件主張「需要國家」的想法，而只是設定了人或社會若有幾個特性，就必然會得到某個結論。

而霍布斯的主張，也向我們丟出一個問題。

那就是人們到底期望的是「接受巨大權力統治、秩序井然的社會」，還是「雖有自由但無秩序的社會」？當然，霍布斯自己的答案是前者。為什麼霍布斯會這麼想呢？我們不可忘記，霍布斯的一生是在清教徒革命以血洗血的動亂中度過。被認為神授王權、統治國家的國王被處死，社會動盪不安，許多霍布斯的親友，都在動亂中過著悲慘的人生。那也是一段靠著軍事獨裁才勉強保有一時平靜的時期。活在這段期間的霍布斯，之所以會期待「獨裁政府猶勝自由無秩序」，也許有其道理。

27 公共意志

——谷歌有可能成為民主主義的裝備？

尚－雅克．盧梭（Jean-Jacques Rousseau, 1712-1778）

生於當時的日內瓦共和國，主要在法國活動的哲學家、政治哲學家、作曲家。曾換過實習公證人、雕金師、家庭教師、作曲家等職業，漸漸以散文家打響了名聲。另外，他的歌劇作品在路易十五面前表演過，所以做為一名作曲家也算相當成功。日本頗有知名度的童謠〈握拳，展開〉就是盧梭的作品。

盧梭是第一位正式探討組織中集體決策結構可能性的哲學家。他在著作《社會契約論》中，以「公共意志」的概念定義全體人民的意志，提倡理想的社會既非依靠代議制也非政黨政治，而是「基於公共意志所統治」的思想。盧梭倡說的公共意志概念十分奇妙，讓許多後世的社會學家、思想家感到困惑，但是日本思想家東浩紀指出，這如果應用發展到現代水準的數位民主和網絡，也許是可行的。他的論述較長，此處摘錄一段。

協商是民主主義的前提，但外界都認為日本人不擅長協商，例如讓A與B各持意見面對面的討論之後，集合成第三個C立場的辯證法式共識決策，是日本最怕的方式。所以，人家說在日本，兩大政黨制或其他都發揮不了作用，是個文化水準低的國家。但是，相反地，日本人很善於「察言觀色」，而且也善於處理資訊技術。既然這樣，我們乾脆放棄追求自己不擅長的協商理想，從技術上把「氛圍」視覺化，將它作為共識決策的基礎，構想一個新的民主主義，會不會比較好呢？而且如果盧梭早在兩世紀半前，就已經指出走向此一構想的道路，那時候日本別說是個未落實民主主義的不成熟國家，說不定還反過來，回溯到民主主義理念的根源，開發啟用全新的民主，成為受全世界尊敬、注目的先驅國家。

從民主主義後進國一口氣反轉為民主主義先進國。

東浩紀《公共意志2.0 盧梭、佛洛伊德、谷歌》

我還記得，第一次讀到這段建議時，心情十分激昂。如我在黑格爾「辯證法」一節所說，如果歷史是呈螺旋式發展，也就是「回歸」與「進化」同時發生的話，也許可以藉由ＩＣＴ（資訊與通信產業）之力，以更精緻的形式讓古希臘的直接民主制復活，這對不擅長協商的日本人而言，確實是個光明的願景。但是，實際進行思考後就會發現這個願景有個很大的瓶頸，那就是「誰來建立、營運汲取公共意志的系統呢」？

東浩紀舉谷歌為例，認為它是從不特定多數汲取集體智慧技術的成功案例，提出「如果將同樣的架構擴張，不就能運用在社會經營的決策上嗎？」的論述。但是，谷歌的祕密主義惡名昭彰，導出搜尋結果的演算法成了黑洞，只有極少部分相關者可以涉入。總之，谷歌依據（他們自己聲稱）的民主主義，是利用只有極有限人士才能參與的演算法和系統，也就是技術專家政治在營運，所以隱含了本質性的矛盾。

如果汲取所有人民公共意志的系統和演算法，是由極少數人來管理，誰也不能保證從那個系統輸出的公共意志，是不是真的是人民代言的意見。毋寧說，那種孕育「不對稱的極端資訊」的系統，若是有人把持了絕對力量，有可能會墮入喬治·威爾遜在《一九八四年》中描述的老大哥的「絕對權力」。事實上，盧梭也闡述過「公共意志命令個人去死，個人必須遵從」，因而被「偉大的常識家」伯特蘭．羅素指名攻擊：「希特勒就是盧梭的結果。」

有些哲學研究者提出批判：「羅素誤會了盧梭的真意」，反駁羅素的意見。但是我認為這種批判完全抓錯重點。盧梭的真意如何並不重要，重要的是，如果獨裁者讀了盧梭留下的文本，利用公共意志作為方便自己專橫的工具，光是這樣就足以成為被攻擊的對象。換句話說，「如果遭人誤解，那麼一開始你寫出令人誤解的文字就是不對。」我們經常可以見到一些莽撞冒失的議員，以「我的發言並沒有那種意圖，但是我願為招人誤解的說法表示道歉」的藉口逃避指責，與上述是同樣的道理。

不能反映個人人格或見識的集體決策系統，確實潛藏著這種危險。如果有可能發生當局告知你：「從收集分析大量數據的結果，得出一個結論，就是從社會抹殺你，可讓整個社會獲得巨大利益」的話，那麼倫理上絕不能允許將偌大權利賦予這種系統。

但是，從另一方面來說，根據總合資訊處理所做的決策，有可能出現個人難望項背的高品質決策也是事實。這裡就來介紹其中一個案例。

一九六八年，美國核子潛艦〈天蠍魚號〉在地中海軍事演習結束後失蹤，為了搜索它的下落，擔任指揮的前海軍士官約翰・克拉文（John Craven）運用機率的手法，鎖定了沉沒位置。克拉文召集了數學家、潛水艇專家、海難救援隊等各領域知識的專家，針對天蠍魚號發生了什麼樣的問題，最後如何沉入海中，撞擊到海底等，寫成一套劇本，利用貝氏機率與這些片斷預測重疊，將交錯最深的點，作為推測沉沒地點，克拉文召來參加的成員中，沒有一個選擇克拉文最後算出的地點。也就是說，最後繪出的推測沉沒地點，純粹是集合性的答案，並非按照團隊中的「誰」所預測的結果。

結果，這個集合性的推測極為正確，就在天蠍魚消息杳然的五個月後，在海底找到了壓壞的潛艦，這個地點與克拉文推測的沉沒地點，僅僅只差二〇〇公尺。

這段小故事充分顯示，只要集合性決策發揮功能，做出的決策品質就有可能比團隊中最聰明的人更好。

在人工智能與通訊技術發展到現今這個狀況下，我們真的能繼續維持與古希臘本質上沒有差異的民主主義營運架構嗎？或是能用什麼樣的形式，將進化的技術用在我們的社會營運上呢？許多人感覺現在社會營運的做法已到達極限，這是個事實。但形成公共意識的過程有可能黑洞化，所以由公共意識營運也包含著重大的風險。要在這之間的哪裡找到折衷點，是生活在二十一世紀的我們所要面對的最大問題之一。

28 看不見的手

——追求「最佳解」不如追求「可滿足解」

亞當・斯密（Adam Smith, 1723-1790）

英國的哲學家、倫理學家、經濟學家。生於蘇格蘭，主要著作有倫理學撰述《道德情操論》（一七五九年）與經濟學撰述《國富論》（一七七六年）。在今日，他也被視為「市場基本教義派」的祖師，雖然稱之為市場基本教義派是帶有批判性的語氣，但是亞當・斯密自己擔心亂用市場機制，會導致人們輕視道德和人性，所以在《國富論》中特別提出警告。斯密認為在市場的交換中，「對他者感同身受」毋寧更為重要，為了讓市場機制「健全地」建立，社會必須培養道德感作為根基。

「看不見的手」意指市場機制的調節功能。貨物集市和抽象性交易所都是市場，但兩者意涵稍有不同，此處就以集市的概念來思考吧。

在市場裡想做什麼買賣的時候，若是價格標得太貴，沒有人要買。相反地，若是標得太便宜，就無法持續性供給。不管哪一種，都會從市場上消失。想要在市場上做長久的買賣，就必須標上適當的價格才賣得出去。也就是說，市場中，有一股壓力在運作著，去調節「過高的價格」或「過低的價格」。那麼，是誰在施加調整價格的壓力呢？其實，答案是市場系統。亞當・斯密將它取名為「看不見的手」。這隻「看不見的手」驅使價格調節，使得整個市場的交易量能在中長期擴展到最大。

如同各位所知，這個機制就是今日眾所皆知的「市場機制」，可能有人覺得「搞了半天原來是……」，不過本書重新提出亞當・斯密的「看不見的手」，即市場機制概念，是因為這個機制可以應用在比價格調整更廣泛的領域。說得淺白點，「看不見的手」是獲得最佳解最有效的經濟法則。

前面，我解釋了市場價格的決定機制。這種情況下的價格都不是按預先設定決定的。各位一定察覺到它和經營學的思考方式完全不同吧。經營學中的行銷學，會使用種種分析邏輯，去決定最佳的價格。也就是說，從事行銷的主體者是站在決定最佳價格的前提下，理智考察而得到結果。相對地，斯密所提倡的「看不見的手」並未包含這種理智考察的過程。最佳價格是在市場中隨機提出各種價格，其中，不妥當的價格，會經由進化論所說的自然淘汰過程而被排除掉。不久後會在市場認為最妥當的價格上穩定下來。最終穩定的價格，是否真的是理論上最適合（即最理想）的價格，誰也不知道。但是，如果用這個價格能賣得出去，也能獲取利益，那不就行了嗎？也就是說它是最務實的解，也就是所謂經濟法則。

在經營學裡，基本的前提是，執掌經營的主體者應抱持著一種態度，即必須通過理智考察，盡可能找出接近最佳解的答案。但是，經過這個過程提出的價格，與市場經由自然淘汰而定下來的價格，何者較為妥當呢？仔細思考就知道，答案應該是後者。總之，可以把「看不見的手」想成是一種為了產生經濟法則解的智慧系統。這種系統只用在決定市場價格的話，未免太浪費。

我來舉一個將「看不見的手」這種經濟法則、智慧系統，應用在實務的例子。以前的客戶曾來找我商量郊外大規模研究設施的室內設計該如何規畫。討論的過程是這樣的。這研究所的廣大中庭種植了草坪，四周圍有講堂、宿舍等四座建築。問題是，如果想在盡可能保留草坪的狀態下，鋪設一條連結這四座建築的步道，要蒐集什麼樣的資訊、如何處理，才能規畫出最理想的草坪量比例呢？

這種時候，如果目標是最理想解，就要展開調查，確認四座建築之間的交通需求量，在交通量到達一定以上的路徑上鋪設步道，使用數學上所說的圖形理論（graph theory）來推估就十分穩當了，事實上，客戶想到的也是同樣的途徑。

但是，我覺得這種做法雖然大費周章，卻得不到什麼厲害的答案，是一種素質不好的途徑。再者，實際的交通模式，只有在那裡生活過才能預測出來。而且交通需求量有季節性，想要正確測定，需要一整年的調查期。這種方法也許確實能得到最理想解，但是，「普通可以滿意」程度的解，非得這麼花工夫才能得到嗎？

所以，最後我提議捨棄最理想的途徑，而採用經濟法則的途徑。這個提案就是，鋪好草坪，蓋好四座建築之後，保持這種狀態一年左右。之後會發生什麼事呢？沒錯，有行人來往的路線，草坪會稍微變禿，可以由此判斷出，草坪變薄最嚴重的地方，就是行人交通量最多的路徑。只要在該部分鋪設步道就行了。

鋪設步道用想的，方法可以有無限多，但是鋪設者放棄用理智考察判斷的方法，將人潮會聚集何處可以鋪設路線交給市場選擇來判斷。從這個方法找出的道路模式，也許不是可以用邏輯說明的最佳解，但是可以預料，多數人都能感到滿意吧。

現代這個時代，人們總是使出各種威力強大的技術或邏輯思考，主動追求最佳解，所以，也許有人會覺得「不確定什麼才是正確答案，就且看且走地決定吧」的這種想法，豈不是放棄思考嗎？站在從事經營管理的立場，大概只會覺得從頭到尾都用自己腦袋思考的態度，是一種美德，應該沒有人會認為是愚蠢的行為。但是，認為自己能導出所有問題的最佳解，應該稱為知識的傲慢。亞當・斯密在另一本著作《道德情操論》中，極盡所能地譴責這種帶有知識傲慢的人，將他們命名為「熱中秩序體系的人」。

熱中秩序體系的人，往往自以為很聰明，他往往十分醉心於他自己的那一套理想的政治計畫所虛構的美麗，以致無法容忍現實和那一套理想的任何部分有一絲一毫的偏離。他一心只想把那套理想的制度完完整整地建立起來，完全不顧各種巨大的利益或頑強的偏見可能會起來反對該套制度。他似乎以為，他能夠像棋士在安排棋盤上的每顆棋子那樣，輕而易舉地安排一個大社會裡的各種成員。他沒想到，棋盤上的那些棋子，只能按著棋士賦予它們的移動原則，除此以外沒有別的原則。但是人類社會這個巨大的棋盤，每一顆棋子都有他們自己的移動原則——完全不同於立法機關要求它們接受的原則。

各位讀者當中，也許有人讀了斯密的這段文章，聯想到過去夢想社會主義的共產主義菁英。最近在本書中也介紹過的納西姆．尼可拉斯．塔雷伯，在著作《反脆弱》中，也把同樣的知識態度，命名為「蘇聯－哈佛妄想」，果決地切割掉這種在明確掌握因果關係前提下進行的科學性上至下（top down）思考法，因為它「會使系統變得脆弱」。

在現在這樣的社會，事物關聯性愈複雜，而且變化的動能也日益強大，以為自己能夠藉由理智從上至下思考達到最佳解的想法，已經超越了知識的傲慢，甚至變得可笑了。我們應該追求的，不是用最理想途徑胡亂求得最佳解，而是經由經驗法則求得「可滿足解」，以及這種彈性才對，不是嗎？

29 自然淘汰

——適應力的差距，會因為突變而偶發性產生

查爾斯．達爾文（Charles Robert Darwin, 1809-1882）

英國的自然科學家、地質學家，他提出假說認為所有的物種都有共同的祖先，經過漫長時間的（他取名為）自然淘汰過程進化而來，這就是進化論。由於這項偉大的成就，一般人多以為他是生物學家。但他在世時自詡為地質學家，現代的學界，也認同他是一名地質學家。

將達爾文的「自然淘汰」概念選為哲學的關鍵字，也許有些人會感到奇怪。這是因為，達爾文的本業是地質學家，他一生中也都自稱地質學者，但是忽略這一點，我認為達爾文提倡的自然淘汰概念，在理解世界、社會成立和變化上非常有用，所以也選出來介紹。

自然淘汰這個概念，作為解釋進化唯一的字眼，感覺有點勢孤力單。不過達爾文提出這個想法，源自以下三個原因：

①生物的個體雖然屬於同一物種，但是呈現出各種各樣的變異（突變）。
②在這樣的變異中，有些特質父母會傳給子女（遺傳）。
③在變異當中，有些會導致對自己生存或繁殖有利的差異（天擇）。

說實話，長年以來，我對「自然淘汰」的概念，一直覺得不太接受，原因其實是比較感性的，因為像擬態樹葉的昆蟲，或是全身保護色像沙子一樣的蜥蜴，我實在不能相信這種特質並非有計畫（即偶然）賦予的。

總之，前述三個原因的第三條，屬於可以單獨發生的性質。事實上，達爾文在意的並非這部分，重點不在「天擇」，而是突變。從突變獲得的特性看起來雖然理所當然，但它並不是事先迎合需要而形成的。突變的方向是多樣化的，有對生存和繁殖有利的差異性質，也有不利的差異性質，在中間值之下，機率性地呈常態分布。

從過去的歷史來看，蜥蜴或許也曾突變出橘色或綠色的品種在地球上存活過。但是這種特性成為對自己生存繁殖不利的差異。因為在沙漠地帶，橘與綠色太醒目，容易成為天敵的目標。因為突變而獲得這種特性的個體，被天敵捕食的機率相對較高，就結果來說，這種特性沒有遺傳到下一世代。

我們無法在事前就知道，什麼樣的特性比較有利，發生各種特性的突變就像是擲骰子，其中「剛好」獲得較有利特性的個體，經由遺傳將這特性傳給下一代，而具有較不利特性的個體則被淘汰，自然淘汰的架構是需要一段亙遠的時間過程。

一般來說，生物的繁殖力會超過環境收容力（可生存數的上限），所以同種生物會發生生存競爭，有利生存和繁殖的個體會將該特性傳給許多子孫，擁有不利特性個體的小孩愈來愈少，配合個體對環境的適應力，進行了一種「篩選」，這就是自然淘汰的機制。

這個概念，給予生活在現在的我們什麼樣的啟示呢？自然淘汰機制下，較適合環境的生物會活下來，其中最大的關鍵點應該是「適應力的差異是偶然發生的突變」吧。突變不是一種事先迎合需要的變化，會產生適應力的差異這件事相當具有啟發性。因為這種思維方式，是以會產生錯誤為前提。

我們一般都會把錯誤視為負面而試圖排除。但是，自然淘汰的機制卻編入「錯誤」，把它視為不可欠少的元素。因為正是發生了某種正向的錯誤，系統的表現才會進步。我們就舉螞蟻生活作為同一機制發揮功能的範例吧。

一隻工蟻在巢外發現了食物，一面分泌費洛蒙的氣味，一面往蟻穴走，向同伴們求救兵。其他螞蟻會追蹤附著在地面的費洛蒙氣味，得知前往食物的路徑，分工合作將食物運回蟻穴。因而，一般人可能會認為，對蟻巢內的夥伴來說，獲得食物效率極大化的關鍵，就是如何正確的追蹤費洛蒙，但其實卻不然。

廣島大學西森拓博士的研究團隊正在進行一項十分有趣的研究，他們運用電腦模擬，分析螞蟻追蹤費洛蒙能力的正確度，與一定時間內帶回蟻穴的食物量的關係。他先在各處相連的平面空間中，設定一個 A 蟻看到食物時用費洛蒙動員夥伴的六角形移動路線，而追蹤 A 蟻的其他工蟻中有百分之百精確追蹤 A 蟻費洛蒙的認真蟻，也有按一定機率會搞錯左右路徑的粗心蟻，將這兩種按相當比例混合，調查粗心蟻混合率不同時，會使帶回食物的效率出現什麼樣的變化。

結果，完全追蹤到A蟻的全優秀蟻蟻群帶回食物的效率，從中長期來說，還不如混入某種程度常走錯或繞道的粗心蟻來得高。為什麼會這樣呢？也就是說，如果A蟻最早分泌費洛蒙的路徑未必是最短路徑，藉著粗心蟻適度（？）繞道或走錯路，也就是發生錯誤，會以出乎想像的形狀發現最短的路徑，其他螞蟻也會使用這條最短路徑，結果「短期的無效率」帶動了「中長期的高效率」。

這些在自然界隨處可見的「偶發錯誤驅使了進化」的現象，我認為也會給我們社會很大的啟示。

例如，有時會聽到「我們公司的DNA」這種說法。但所謂的突變，正是原本有意將「我們公司的DNA」正確傳給下一世代，然而卻因為某種失誤而錯誤複製後產生的。自然界中，適應能力的差異並非計畫使然或有意為之，而是從一種偶然中產生的。知道了這一點，在組織營運或社會營運中，我們應該改掉有計畫、有企圖地改良它的傲慢心態，反而應該投入心力在建立會產生「正向偶然」的架構，這樣也許比較有用。

30 脫序

——「工作形態改革」的盡頭是可怕的未來

艾彌爾．涂爾幹（Émile Durkheim, 1858-1917）

法國社會學家。與卡爾．馬克思、馬克斯．韋伯並列，為社會科學做為一種學問領域的創立貢獻卓著。

同時為多家公司工作，三不五時換工作、或者根本不隸屬於公司以個人身分參與多方面的企畫案……近年來，這種工作方式已經被認為是一種「酷帥」的行徑。但當這種工作形態已標準化，也就是「後工作形態改革」形成後，社會會產生什麼令人憂慮的事嗎？筆者自己認為，最大的風險是社會的脫序。脫序（anomie）最初是法國社會學家艾彌爾．涂爾幹提倡的概念。通常多譯為無規範、無秩序，但不如說這些都是脫序帶來的結果。但如果尊重原始的文句意義，應該譯成「無凝聚感」。

涂爾幹在主要著作《社會分工論》與《自殺論》中，都談到了脫序。

首先，在《社會分工論》中，他指出，在分工發展過度的近代社會裡，缺乏統整功能的相互作用，也沒有建立共同的規範。現代的我們對這個看法很難產生共鳴吧。今日，階層差距成了多數先進國家的問題。這種階層差距，幾乎可以與「職業間差距」畫上等號。薪酬動輒上億的外資金融世界，與被他們當成「商品」對待的外食產業或建設產業世界，很難想像會有共同的規範存在。

接著，在《自殺論》中，涂爾幹將自殺分成以下三類，預言「脫序式自殺」會增加。

・利他式自殺（團體本位式的自殺）

這種自殺常見於被強迫絕對服從團體價值體系的社會，或者民眾自發而積極服從價值體系的社會。

・利己式自殺（自我本位式的自殺）

因為過度的孤獨感或焦慮感，使個人與團體的連結變得薄弱，因而產生的自殺形態。這隨著個人主義的擴張，也會更加增大。

・失序式自殺

團體、社會規範放寬，獲得更多自由的結果，導致無盡追求自己膨脹的欲望，卻因無法實現而有幻滅虛無感，造成自殺。

涂爾幹想說的，簡要來說就是「即使社會規範、法制寬鬆，個人也未必能得到自由，反而陷入不安定的狀況。規範、法制寬鬆，對社會未必是好事。」國家如果陷入失序狀態，每個人會失去對組織或家庭的凝聚力。在孤獨感的折磨下漂流在社會中。「後工作形態改革」的畫面其實相當淒涼。

日本在戰後失去了以天皇為尊的國體，雖然少了這個偉大的故事，但在昭和三〇年代以前，村落共同體及之後的左翼活動與公司，一直發揮失序的防波堤功能，以模擬類似的規範，形成人與人之間的紐帶，藉此維持一定規模之集團社會的凝聚性。但是，近二十年來，這種凝聚性正在漸漸衰弱。社會主義國家相繼垮台，共產主義的意識形態已經不能再支撐偉大的故事；同樣地，既然「進好大學、進好公司努力上進，就能一生幸福」的故事也瓦解，就很難再期待公司發揮防止脫序的功能了。

事實上，現在的日本可以看見種種現象都在暗示脫序的進展。我雖然提出脫序即是無凝聚感。不過，稍早前流行的宮台真司「無緣社會」❼一詞，也正暗示著社會逐漸陷入脫序狀態。此外，日本自九〇年代以來，自殺率一直在高點盤桓，這也正符合涂爾幹提出的主張。而年輕人向邪教團體傾斜，在九〇年代以後有漸趨明顯的現象，這也可以想成是年輕族群對脫序狀態無意識的反射。

在公司解體、家庭解體日益嚴重的狀態下，防止社會脫序化的關鍵會是什麼？我認為關鍵有三點。

第一是家庭的復權。日本的離婚率在戰後到一九六〇年代緩慢下滑，此後幾乎一路上升，維持高原狀態推進。但是有幾個現象暗示著，今後這種狀況可能改變。例如，不論是美國或日本，結婚年齡都出現提早的傾向，這也讓人傾向將它思考為「回歸家庭」的一個佐證。此外，根據美國的分析，一九八〇~九〇年代吹起裁員風暴的時期，當時站在孩子立場看著父母被裁員、現在已是二〇~三〇世代的年輕人會認為「公司說不定哪天會背叛我們，說來說去只有家裡能依靠」，因而重視家人的傾向比其他世代都強烈。這個結果在統計上十分明顯。即使是日本，如名為「Mild Yankee」❽所代表的，重視「家庭與朋友」等狹窄人類社會資本的階層正在增加，這也可以想成是回歸家庭的一股支流。不過，都市地區卻有另一種與此相反的趨勢，也就是所謂的「家庭破滅」。社會上可以看到兩個極端潮流同時存在。

第二個關鍵是社群媒體。雖然有人會指責我太過樂觀天真，但是假設公司、家庭瓦解是不可逆的潮流，社會就需要一個改變它的新結構。哲學家費特利希·田布魯克說過：「涵括社會整體的結構一旦瓦解，位於其下階層之結構單位的自立性會升高。」如果這個說法是真的，歷史必然需要一個形成新社會紐帶的結構，以應付公司、家庭結構的瓦解。雖然這觀察是我內心的期望，但是也許社群媒體可以達成這種任務。

第三項是以「橫向社群」取代公司這種「縱向社群」。用歷史的語言來說，便

❼ 譯注：即人情淡薄、關係疏離，不再有交集的社會。
❽ 譯注：行銷分析師原田曜平於二〇一四年定義的概念，意指一直待在家鄉附近，內向、不想積極爭取更高收入地位的年輕男性。

是「同業公會」（guild）的復活。如同社會人類學家中根千枝在《縱向社會的構造》中所示，戰後到平成期間的日本，「公司」這種縱向結構的社群，對許多人來說，是最重要的社群。但是，前面也說過，公司壽命短命的程度愈來愈明顯，在經濟情勢的條件下，可以想見，被這個社群排除的人會愈來愈多，很難想像這種「縱向結構社會」今後還能持續下去。那該怎麼辦呢？一般認為，一是試圖將社群從「公司」的框架，轉換為「職業」的框架。這個想法也沒什麼稀奇，因為在歐洲，各種職業的工會比各公司的工會還要普遍，在這層意義上，「縱向的社群」會變成以公會模式也能發揮功能的社會。在日本，一般人提到就業，通常都是指「進入某家公司」的概念。但本來「就業」，是指「就職業」，而不是「就公司」。也就是說加入某個從事共同工作的團體，在該團體內打造自己存在的空間。

不管怎麼樣，重要的是，我們必須認知到，公司這個「縱向結構的社群」，對自己來說不再是安全的社群，然後抱持著「自律地建立自己歸屬的社群」的想法。不論是家庭、社群媒體還是各行業的公會，如果沒有建立它、或者參加並維持它的意志，就不可能成立得了。也許現在這個時代非得這麼做，才能防止自己陷入脫序狀態吧。

31 禮物
——建立不是「提供能力，獲得薪餉」的關係

馬瑟．牟斯（Marcel Mauss, 1872-1950）

法國社會學家、文化人類學家。出身洛林，是艾彌爾．涂爾幹的姪子。沿襲涂爾幹的學說，研究「原始民族」人類的宗教社會學、知識社會學。

文化人類學家馬瑟．牟斯，可能是西歐第一位正式提出「贈予」問題的人。牟斯曾到玻里尼西亞各地調查，他發現他們的經濟活動是被「禮物交換」的感受所驅使，而不是西歐式的「等價交換」，因而將此概念介紹給西歐。

活在現代的我們，聽到「贈予」，會想到的「禮物」大概是禮券或是紅包，但不論哪一種禮物都有某種經濟價值，或者是有用的物品吧。但是，牟斯說，玻里尼西亞

的人「贈送」的禮物，完全不是這些。例如，玻里尼西亞人會贈送TAONGA（寶物），美拉尼西亞人會互相交換裝飾了貝殼和花的小器物。為了交換寶物或庫拉環❾，各部落都要冒著生命危險，划著獨木舟到大海中，也經常因此失去性命。各位可能會想，為什麼要為了交換那種勞什子，專程去送命呢？但是，如果把視角反過來，可以立刻了解到我們也是一樣。從他們的角度來看，我們日本人為了交換寫有「日本銀行券」的紙條，耗盡心神，甚至有時候還會為了它殺人，所以，「冒著生命危險交換勞什子」的感想應該是彼此彼此。

牟斯認為，玻里尼西亞進行的「禮物交換」，與我們現在從「禮物交換」這個詞感受到的意涵，其實相當不同。至於哪裡不同，應該是他們認為「交換禮物是義務」。牟斯說，交換禮物有三個義務：

①贈禮的義務＝不贈禮不合禮儀，顏面無光。
②收禮的義務＝即使覺得為難，也不能拒絕。
③回禮的義務＝絕對必須回禮。

將這作為被給予的演算條件，交給系統的話，交換會永遠持續下去。總之，這三個規則會變成義務，是為了不讓交換活動（用我們的話來說就是經濟活動，也就是GDP）縮減的——照李維－史陀的說法——「野性的思維」吧。

今日，計算人類經濟活動價值的框架，大致分成兩個。第一個是勞動價值說，即認為物品的價值「決定於投入的勞動力」。最早提出勞動價值論的是古典派經濟學，但是馬克思經濟學繼承了這個思想，成為它思想體系的基礎。第二個框架，是效用價值說，認為物品的價值「決定於效用的大小」。提倡效用價值說的經濟學者，被歸類為新古典派，與提倡勞動價值說的古典派經濟學相對立。效用這個詞，在英語裡是Utility，而對亞當・斯密造成影響的傑瑞米・邊沁（Jeremy Bentham）的功利主義，在英文裡叫做Utilitarianism，翻成日語卻變成生硬的「效用」了，也許物品是否「稱手」的語感還比較接近。以《創新的兩難》（*The Innovator's Dilemma*）而聞名的

❾譯注：Kula ring，是美拉尼西亞群島居民的一種交換回報制度，部落裡的居民會交換項鍊、手鐲等禮儀性物品，藉交換時的長途旅行和複雜儀式來穩定部落社會。

哈佛大學教授克雷頓・克里斯汀生（Clayton M. Christensen）的新作《創新的用途理論》（*Competing Against Luck: The Story of Innovation and Customer Choice*）中指出，「民眾不是買下商品，而是為了解決某些問題而雇用商品」。這也沒什麼值得大驚小怪，只要把它想成效用價值說就很容易懂了。

所以，解釋物品價值時，有「勞動價值說」與「效用價值說」兩個框架，但是這兩個框架都不能完整解釋「禮物交換」的行為，這個概念已經超出經濟學的界線，也就是說，經濟學並沒有將交換的最原始形態「禮物交換」妥善地放進來。經濟學的經典教科書，曼昆（Nicholas Gregory Mankiw）的《經濟學原理：微觀經濟學》與克魯曼（Paul Krugman）的《個體經濟學》當中，也幾乎沒有談到禮物的問題。

牟斯提出來探討的也是這一點。為什麼牟斯要特地把「禮物」當作問題呢？他是為了批判近代以來的歐洲社會，因為失去了禮物交換的習慣，經濟系統喪失了人性。牟斯透過這套「禮物論」，除了闡述贈予和授予體系是人類社會的「基石」，以及近代之後貨幣經濟是「道德性」扭曲的思維外，也企圖大膽建議世人，從貨幣經濟轉換為禮物經濟。

牟斯的問題意識並沒有得到解決。不管是採勞動價值說，或是效用價值說，如果能夠適切地決定物品的價值，就不會發生雷曼金融風暴了。物品的價值若是被不當高估，或是不當低估，社會就會發生各種各樣的問題。

牟斯指出，在現代以前，「禮物」是交換的基本形態。這個論點受到各方的批判。因為牟斯調查的是南太平洋極少數的部落，所以根據這份調查結果，對「全人類的起源」做出斷言式的結論並作為學術論文，有些不可思議地粗糙，總之是篇處處可議的論文。所以，這裡我們就以「假設真是如此」的觀點，來繼續探討。

如牟斯所說，如果「禮物」是交換的基本模式，從它的復興中可以看到什麼樣的可能性呢？

現在，幾乎所有的人，包含我在內，都以一對一的等價交換架構進行經濟活動，也就是向公司提供自己的能力與感受性，而從公司得到對價的薪水。我們將這種「一對一的關係」當作先決條件，從不懷疑工作就是這麼一回事。但是仔細想想，這種結構是在近一百年才產生了普遍性。隨著資本主義的興盛，形成了股份公司這種「創造富有的平台」，壓低了整個社會勞動力的交易成本。這種「一對一關係」的成立，對許多人而言成了不疑有他的「自然道理」。

但是，在網路這麼普及，能力與需求綁在一起的社會成本急遽下降的時代，「一對一的關係」真的還有應該堅守下去的價值嗎？

比方說，我們也許可以想像，如果有人感覺自己的能力與感受性十分稀有，他們是否能靠著不標價格的「贈送」，換取少許酬金生活呢？例如，有位歌手有一千名粉絲「希望他未來一直創作音樂給我們聽」，粉絲只要每個月捐款一千日圓，就足夠他生活了吧。而且基於這種「贈予」和「感謝」交換的關係，會給送禮的人健全的充實感和自我效能感（self-efficacy）吧。想到這一點，就令人充滿期待。

32 第二性

——性歧視根深柢固，融入了血液和骨子裡

西蒙．波娃（Simone Lucie Ernestine Marie Bertrand de Beauvoir, 1908-1986）

法國作家、哲學家。是沙特無法定婚姻的妻子。除了支持沙特的存在主義，也從女權主義的立場，為追求女性解放而奮鬥。

西蒙．波娃熱切地歌頌並解放女性受社會壓力而隱藏的潛力，是現在所謂女權主義者的先驅。波娃雖然是沙特未曾結婚的終生伴侶，但是兩人互相允許對方可自由擁有情人。有些時候甚至共享情人（沙特的情人是波娃的同性戀人），所以他們並不屬於那種沙特看職棒轉播，波娃在旁準備晚飯的「平凡夫妻」。雖然研究的主題不同，但兩人都抗拒「壓抑」和「拘束」等觀念這一點上卻是共通的，他們的感情恐怕就像是革命同志一樣吧。

波娃在她的重要著作《第二性》一開頭便寫出名句：「女人不是生成的，而是造就的」（On ne naît pas femme, on le devient），這句話可算是簡明易懂的女權主義，所以二十世紀後期在各種不同的狀況下膾炙人口。總之，西蒙．波娃指出，女性可歸納為「生理女性」與「社會女性」，但是沒有天生的女人，「女性化」都是被社會的要求才導致的結果。

這個主張有個前提，那就是西蒙．波娃生涯所處的法國社會。「努力女性化的壓力」在時代、社會中如何演變，是個頗為耐人尋味的思考題材。這是因為根據某項研究結果得知，日本在文化上是全世界「要求女性化」壓力最強大的國家。

在探討這一點時，我們來談談本書另一節介紹過的荷蘭社會心理學家吉爾特．霍夫斯泰德提倡的「男性化對女性化」的主張吧。

重新再檢證霍夫斯泰德接受ＩＢＭ的委託，將各國的文化差異整理成的六個文化維度：

① Power distance index (PDI) 權力距離

② Individualism (IDV) 個人主義的傾向

③ Uncertainty avoidance index (UAI) 不確定性的規避傾向

④ Masculinity (MAS) 追求男性化與女性化的傾向

⑤ Long-term orientation (LTO) 長期取向

⑥ Indulgence versus restraint (IVR) 自身放縱與約束

這裡特別注意的是第四條「追求男性化與女性化的傾向」。霍夫斯泰德自己就這個指標作了說明。

首先，在「男性化社會」（霍夫斯泰德以英國為例）裡，男女在實行社會生活上，有加強劃分男女性別角色的傾向。此外，在勞動上也有明確的區分。需要積極伸張個人意見的工作交給男性，男生在學校需要取得優秀成績，在競爭中得勝、出人頭地。

另一方面，「女性化社會」（霍夫斯泰德以法國為例）中，男女在實現社會生活上，性別角色重疊，比起邏輯或成果，更重視良好的人際關係、妥協、日常生活的智慧、社會性成就。

而「男性化社會」的得分方面，很遺憾地，日本在五十三個調查國家中，高居榜首。另外，像在世界上女性發展名列前茅的北歐諸國，男性化社會的名次普遍很低，像瑞典就以五十三名吊車尾。現在，安倍政權將「女性的成就」作為政策目標，但日本想要打造「女性容易工作的社會」，就必須先自覺它是極具挑戰性的目標。

這個挑戰目標要如何達成呢？重點在於在社會上握有實權的男性，對「性別歧視」（gender bias）能有多少自覺，是否能認知到自己被禁錮在社會性別歧視觀念和感覺的偏差。

最危險的就是陷入自我矇騙：「我已經從這種歧視中解脫了」。日本的性別歧視根深柢固，以我們肉眼看不見的形式滲入血液中、骨子中。說得極端一點，我認為現在的日本，沒有一個人真正從這種歧視中解脫。

說到這裡，我便想起一件往事。有一次在審查一位休產假的女性職員升職案件時，一位我非常尊敬的荷蘭籍長官突然起身，傲然道出他的想法：

我以為日本是個文明國家，但是今天各位的討論令我非常震驚。這種上世紀式歧視女人的討論，我不認為我們在全球的其他分公司曾經發生過，說得難聽點，也不允許。

這時候，最令我印象深刻的是在場的日本人，幾乎全部都像吃了子彈一樣，「咯噔」了一下。也就是說，大家「完全沒有惡意，甚至也沒有刻意想要歧視女性，被這樣指責十分意外」。而正是這一點，顯現出這個問題的深遠和艱難。

被指責而感到尷尬還算是好的，會感覺「被戳到痛處」表示已經對這種想法有了罪惡感。但是，那時候在場的人並不是尷尬，而是被指責後依然一頭霧水地想「他到底在我們說的哪句話中感覺到歧視的意圖」？

參加會議的人都是外資顧問公司的高級幹部，基本上應該都是抱持自由主義價值觀的人。但是從這次經驗，我充分了解到，即使連這種人都會在不知不覺間於「審查員工升職」的敏感時刻，被滲入自己思維的性別歧視所影響。

我想，我們最先要做到的，就是看清日本是個極受強烈性別歧視主宰的國家，而且因為我們自己對這種歧視毫無自覺，所以很多人都誤以為早就脫離了歧視的思想。然而，就是這種殘酷的無自覺，成為阻礙女性走進社會最大的障壁。

33 偏執與精神分裂

——發現「好像快完蛋」就趕快跑吧

吉爾．德勒茲（Gilles Louis René Deleuze, 1925-1995）

法國哲學家。二十世紀法國現代哲學的代表性哲學家之一，與雅克．德希達同為代表後結構主義時代的哲學家。

四十五歲以上的人，也許都還記得「偏執與精神分裂」這個用語一時間爆紅的事吧。時值泡沫前夕的一九八四年，德勒茲與瓜塔里（Félix Guattari）合著的《反俄狄浦斯：資本主義與精神分裂》中出現的這個詞，因為作家淺田彰在著作《逃走論》中提及，獲選為當年度流行語大獎的銅牌獎。後結構主義的用語竟然能成為流行語，那個時代好有水準啊。如果你知道當時的金牌獎是出自連續劇《阿信》的「阿信症候群」，也許會覺得「嗄，原來是那麼老扣扣的詞啊」。個人認為「偏執與精神分裂」，在現在的日本，依然是個寓意深遠的概念，所以在此介紹一下。

不用我說，偏執就是parania，精神分裂（在醫學上現已更名為思覺失調）即是schizophrenia。

那麼，它指的是對什麼事偏執呢？答案是「身分認同」。偏執型的人，會對自己的身分，例如「〇〇大學畢業，在〇〇公司工作，住在〇〇之丘的我」，十分執著，並且再加碼在這個身分上精雕細琢，朝著獲得新整合的特質邁進。若人生中出現偶發的機遇或變化，該不該接受它，全看它能不能與過去累積的身分相整合。由於這個因素，從他者來看，偏執型的人是「一以貫之明白好懂的人格、人生」。

德勒茲在另一本著作《千高原》（*A Thousand Plateaus*）中，提出了「塊莖」的概念，認為思想結構沒有起點，是無秩序擴散的「樹根」，以此與西洋哲學長年的根基——以起點為基礎，整齊散開枝葉的樹狀思想結構相對比。如果把「偏執」與「精神分裂」，套入「塊莖」與「樹狀」的對比結構，顯而易見，「偏執」會對應到「樹狀」。

那麼，「精神分裂」是「分裂」什麼呢？答案也是「身分認同」。精神分裂型的人不會被束縛在固定的身分認同裡，會依隨自己的審美觀和直覺所及之處，自由地行動。不拘泥於當下的判斷、行動、發言與過去的身分認同和自我形象的整合性。對偶然來到的變化或機會，也只是順從每一時的直覺或嗅覺，有時能接受，有時不能接受而已，並不回顧與過去累積的身分認同的整合性。用「樹狀」與「塊莖」的對比來說的話，可以對應到塊莖。

德勒茲最早是應用數學微分概念來研究「差異」的哲學家，如果將「偏執與精神分裂」用數學的意涵來表現，那「偏執」是積分，「精神分裂」則是微分。

那麼，為什麼現在需要來談「偏執與精神分裂」的概念呢？我想與其由我來解說，不如看看從淺田彰《逃走論》中的選摘，比較容易了解。

說到最基本的偏執型行動，大概就是「居住」吧。建造一個家，籌畫以它為中心擴展領域的同時，還要累積財產。在性事上獨占妻子、讓她產下孩子，拍打孩子的屁股，將這個家發揚光大。這場遊戲如果半途離席，就算輸了。他們「放不下、停不了」，再怎麼看都是屬於偏執型的人。如果說它是病態的話，的確是病態，現代文明的確是靠著這種偏執駕駛，才能成長到今天這個地步。而且，只要繼續成長，儘管並不輕鬆，還是能保持一定的安穩。但是，事態一旦遽變，偏執型的人就應付不了了。一個不小心，還可能固守城池奮戰後壯烈犧牲。此時，繼「居住人」之後出場的是「逃避人」。這種傢伙一遇到事就逃跑，連腳跟都沒站穩，總之先溜再說。因此他們得要保持孑然一身，沒有家庭這個中心，永遠待在邊界上。他們既不蓄積家財，也不以當家的姿態支配妻子，所以，每次都靠著手邊現成的女人滿足需求，隨便播種，之後聽天由命。他依靠的就只有掌握事態變化的眼光，和對偶然性的直覺。這麼一看，它正好相當於精神分裂型。

淺田彰《逃走論 精神分裂孩子的冒險》

暫且不管播種云云的說法，淺田彰的指陳有兩個重點。

第一個重點，是「偏執型不善面對環境變化」的主張。眾所周知，現在企業、事業的壽命不斷縮短，如果把這個狀況與個人的身分認同綁在一起思考，會有什麼結果？職業是形成身分認同的最重要元素，所以被一個身分綁住，就表示被一個職業綁住。但另一方面，公司、事業的壽命卻也愈來愈短。因此將這兩者併聯，就會得到「執著於身分是危險的」的結論。堀江貴文在著作《多動力》中說道「勤勉耕耘的時代結束了」，因此他認為「一旦膩了就馬上停止吧」，這也可以解讀為「精神分裂」比「偏執」重要，「塊莖」比「樹狀」重要的主張。我們有時毫無顧忌地讚賞、恭賀別人「一以貫之」、「不偏不倚」、「這條路走了幾十年」之類的話。但是，被綑綁在這種價值觀中，偏執似地執著於自己的身分認同，很可能成為一種自殺行為。

淺田彰指陳的第二個重點，是「逃走」。淺田彰將「偏執型」定義為「居住人」，而將「精神分裂型」定義為「逃避人」。如果要與「居住人」對比，還有「移居人」或「移動人」等的定義方法，但他卻沒用那些，而採用了「逃避人」的定義，我認為這一點非常犀利。「逃走」意味著並沒有決定明確的去處，只是想姑且先「從這裡逃走」。他認為這種意涵，即「雖然去處未必明確，但是這裡已經搞砸了，還是先跑再說」的思考模式，就是精神分裂型。

在論資歷的世界中，常常聽到有人說「思考自己想做什麼，擅長什麼」。關於這一點，拙著《天職不負有心人》（暫譯）中也寫過，我認為思考這種事幾乎沒有意義。

畢竟，任何工作不實際去做做看，是無法知道「有沒有興趣，拿不拿手」。思前想後地考慮「做什麼好呢」，反而有可能讓偶然到手的機會溜走了。

總之，重要的是還沒有決定去向，只是想到「看來搞砸了」就想腳底抹油這件事。應該睜大眼睛，側耳傾聽，看清楚周遭發生了什麼事。前面引用淺田彰的摘文中也提到「依靠的就只有掌握事態變化的眼光，和對偶然性的直覺」，在我前一本書《美意識：為什麼商界菁英都在培養「美感」？》提到「大膽的直覺比累積型的邏輯思考更重要」，也是同樣的意思。當周圍的人都說「沒事，放心」的時候，他卻直覺「有危險」，而立刻逃走。這裡重要的是「感受危機的雷達敏感度」與「決定逃走的勇氣」。一般人往往誤會了這一點，「逃走」並不是因為「沒有勇氣」；相反地，正是因為「有勇氣」才能逃得了。

我還是公司菜鳥的時候，廣告公司還是熱門職業排行榜前幾名的時髦產業。但是時至今日，受到媒體、通訊環境大幅變化的影響，它已經成為未來不確定性最高的業種之一。很可能今日熱門職業排行前幾名的產業，二十年後大多也會歸入衰退產業吧。只要考進人人稱羨的公司，就很難避免把隸屬該公司的自己當作身分認同的靠山。但是這類公司保持「名牌」的期間愈來愈短。當自己身分認同的根據地，不再是人人稱羨的「名牌」時，自己能不能毫不留戀地拋開，讓「自己」這個主體「不崩潰的分裂開來」呢？也就是說，人必須擁有從「偏執」轉換成「精神分裂」的條件。

這裡必須留意的是，日本社會還是傾向頌讚努力不懈、效忠一個地方的偏執型，貶低三分鐘熱度轉職換位的精神分裂型。仔細想來，像矽谷那種地方的職業觀等等，正是典型的精神分裂型，像這種「頌讚偏執、貶低精神分裂」的職業觀，恐怕是讓日本革新停滯的主要原因之一吧。在想採取「精神分裂」型策略時，這種社會的價值觀很可能會讓人在心理上大踩煞車。正因為如此，逃走需要「勇氣」。在意外界的風評，忸忸怩怩地站在快沉的船中，可能整個人生都會成為泡影。

請想像一下，當眾人慷慨激昂地說著「既然坐上這艘船就要努力撐到最後」中，站出來表示「我不想與這艘船一同赴難，請容我先走一步」，需要多大的勇氣？把偏執與精神分裂相對比，也許後者的生存態度，看起來比前者輕浮而軟弱，但是其實並非如此。毋寧說，正是沒有勇氣和堅韌性的人，在現在的世界才會選擇偏執型，而擁有勇氣和韌性的人，可以穩步走上精神分裂型的人生。

34 階級差距

——歧視與階級都是因為「同質性」高而產生

塞吉．莫斯科維奇（Serge Moscovici, 1925-2014）

出生羅馬尼亞，在法國活動的社會心理學家。

企業中人事考核制度的設計，都是以「公正評價」為終極目的來設定的。筆者自己是個諮詢顧問，主要領域在組織、人事，所以很清楚客戶企業的人事主管經常為「怎麼做才能評價公正」的問題頭痛不已，我也並沒有否定這個問題的意思。但是，這裡我想就「公正性」討論另一個「問題」，那就是「公正，真的是件好事嗎？」如果人民都那麼地期望「公正」，不論在我們的組織中還是社會中，應該都能實踐公正的作為。但是，結果並非如此。原因何在？一個有力的假說是認為「其實所有人的心底，都並不期望公正」。

日本大致上已經廢除了延續到江戶時代的身分歧視制度，實現了民主主義社會。但是，誠如各位所知，歧視或階級並未根絕。甚至應該說，比起公然劃分身分的江戶時代，現代歧視和階級成為更加黑暗、嚴重的問題，不斷侵蝕著我們的社會。為什麼會發生這種事呢？原因很單純，正因為沒有了身分差別，表面上給予所有人公平的機會，才更是放大了階級和歧視。

本書另一節介紹的古希臘哲學家亞里斯多德，在二千年以前就已經點出了這個問題。亞里斯多德在《修辭學》中敘述道：

> 也就是說，人們嫉妒的是與自己相同，或是看起來相同的人。而且，我所說的相同者，是指在家世、血緣關係、年紀、人品、風評、財產等各個面向都相同的人。（中略）我們已經知道，人們會對什麼樣的人懷有妒心。因為，之前已經與其他問題一起談到了。人們嫉妒的是在時間、地點、年紀、世人風評等都與自己接近的人。
>
> 亞里斯多德《修辭學》

在江戶時代的封建社會，社會地位從一出生就決定了。在這種社會中，屬於低下階層的個人，因為可以不必與高階層的人互相比較，所以並不會感到羨慕或自卑，因為從一開始就沒有「比較」這回事。但是，當身分階級消失，成為一種社會制度的時候，表面上任何人都可以成為高階層的人。既然與自己同樣的人能夠得到那麼優越的地位，擁有類似出身或能力的我，怎麼可以不站在同等的立場？這個想法容易和「公平性受到阻礙」的感覺結合在一起，這一點我想任何人都能理解吧。人們常會認為歧視位於公平、公正的另一極，是因為「異質性」而產生的。但是其實正好相反，歧視或階級的產生，乃是因為「同質性」太高才產生的。莫斯科維奇對人種歧視也有深刻的洞見，他提出了如下的看法：

我們明瞭，人種歧視反而是同質性的問題。與我有深度共通性的人、應該與我意見一致、應該與我分享信條的人，這些人之間出現的不和，即便再小都難以忍耐。這種不一致會表現得比實際程度更嚴重。誇大差異，我們感受到背叛，因而引發激烈的反彈。

小坂井敏晶《社會心理學講義〈封閉的社會與開放的社會〉》

造成問題的不是大階級和歧視。江戶時代的身分歧視制度，或是現在英國、印度所謂「階級」分隔的人民之間，「不公平」並不會侵蝕人的身心。反倒是以同質性為前提的社會或組織中，「小階級」才會引發大壓力。在此先聲明一下以免造成誤會，我並不是認為身分階級制度更為理想。只是在那種社會裡，較之於表面上同質性為前提的社會和組織，人們比較少會滿懷著無名怨憤或嫉妒的情感。

社會或組織同質性愈高，基於階級或歧視的「嫉妒」情感，就愈會侵蝕其中的成員。活躍於十九世紀前半的法國政治思想家亞歷西斯．德．托克維爾（Alexis-Charles-Henri Clérel de Tocqueville），在民主主義興起並揭櫫平等為理想時，尖銳地指出它的矛盾。

在不平等是社會通則時，最顯眼的不平等也不會被人注意。當所有人都處於幾乎相等的水準時，再小的不平等也會使人難以容忍。因此，人們愈是平等，平等的願望就愈是難以滿足。

托克維爾《美國的民主》

托克維爾的指陳，突出了我們希求「公正的組織」、「公正的社會」在本質上的矛盾。我們應該在具有這樣的認知之後，才能希求「公正」與「公平」。

如果社會或組織公正且公平，位於其中下層的人將無處遁逃。因為人們位居下層的原因，並不是人事制度或社會制度的不完善，而是自身才華、努力、容貌比別人差的緣故。正因為我們相信，資歷排序不正當，或是雖然標準正當，但評價不正當，我們才能夠否認自己的低劣。但是，在「公正的組織」、「公平的組織」中，我們無法自我防衛。我們隨口視為「終極理想」的「公正、公平的評價」真的是理想的制度嗎？就算真能實現，多數得到「你的評價低劣」的人，究竟該怎麼樣用肯定的角度看待自己的存在呢？那種社會或組織，對我們來說，真的理想嗎？在大家奉「公正」為至高理想之前，我認為必須三思。

35 圓形監獄
——如何靠組織運用「監視的壓力」？

米樹爾・傅柯（Michel Foucault, 1926-1984）

法國的哲學家，有段時期是結構主義哲學的引領者，但傅柯並不認為自己是結構主義者，反倒嚴厲地批判結構主義，所以後來被歸類於後結構主義者。代表作有《瘋癲與文明》、《規訓與懲罰》、《性史》等。

圓形監獄（panopticon）指的是將單人牢房配置在環狀四周，中央設置監視站的監獄。本節中介紹的是米樹爾・傅柯對圓形監獄的研究，但是最初構想出環狀形態監獄的，是十八世紀英國的哲學家傑瑞米・邊沁。

邊沁是個哲學家，為什麼會去設計監獄的格局呢？邊沁理想中的社會是「最大多數人的最大幸福」，在這樣的社會中，讓罪犯更生也必須最大化。因為這個緣故，

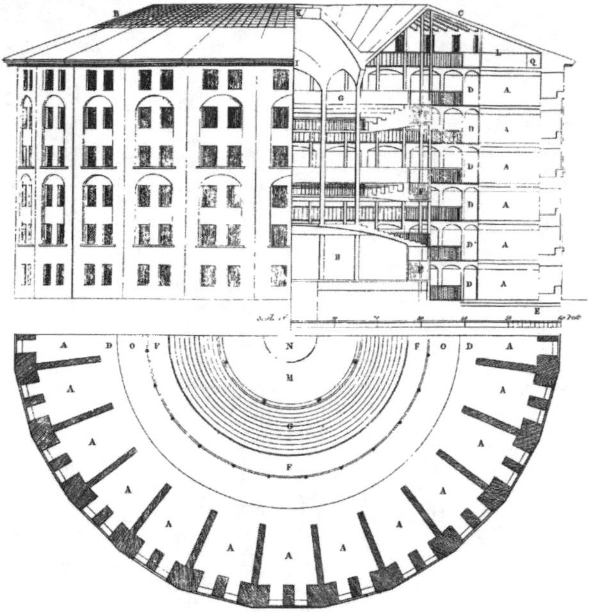

邊沁的圓形監獄構想圖

他才想出這個設計。受刑人在這種監獄能不能過得舒適還是個疑問，但有關邊沁的思想，我們就先點到為止吧。

傅柯的著眼點，在於圓形監獄所具有的「監視壓力」。在圓形監獄中，中心的監視塔無時無刻地監看配置在圓周上的單人牢房；相反地，牢房則設計成受刑人無法從房中看到有沒有獄卒，或是守衛在看什麼方向。原本，圓形監獄設計的目的，是「用少量的獄卒，有效率地監視多個牢房」，但是傅柯注意的是另外一點，即圓形監獄產生的

「被監視的心理壓力」。

什麼意思呢？傅柯指出，在現代，這種「被監視的心理壓力」並不是出現在單人牢房，而是不斷在一般社會擴展開來。他還說，這種壓力會壓抑人的個性、自由的思想和行動。集團會將不屈服於這種壓力的人視為瘋子，最後將之排除在外。

傅柯指出，現代國家不只用法律、規則等「外部的制度」來統治國民，還採取利用訓練而形成的所謂「道德與倫理」來統治的方式。我們在採取行動的時候，感覺上，都是自律地根據「因為這是好事、因為這是道德」等「自己內在賦予的理由」，但是傅柯警告，那才是一種「新的統治形態」。

如果把這個說法套用在經營世界上來思考，又是如何呢？第一，在必須施予某種壓力的場面，未必需要實際的監視。舉例來說，有個經理職的人經常做些粗魯無禮的舉動，這時若想施加壓力強迫他修正行為，那麼建立機制讓他感覺「被監視」，會比實際的監視更重要。

第二，即使並沒有實際監視，還是有可能會有監視的壓力。這種監視的壓力當然會督促人們採取規範的思考或行為，但是在大多數人遵從規範的組織中，自然也不用期待會有什麼創新。

在圓形監獄中產生的壓力在組織中必然會產生，強行壓制也不會運轉得順利。重要的是，將必然會產生的壓力，與組織的課題、方向整合起來，應該就能成功地運用吧。

36 差異性消費

——自我實現是靠著「與他者差異」的形式來定義

尚・布希亞（Jean Baudrillard, 1929-2007）

法國哲學家、思想家。一九七〇年完成的《消費社會》對現代思想有很大的影響，被視為後現代的代表性思想家。

尚・布希亞在主要著作《消費社會》（*La Société de consommation*）中，重新定義了「消費」這個詞。他的說法是「所謂消費是符號的交換」。他說的是什麼樣的「符號」呢？是表現「差異」——「我與你們不同」——的符號。在傳統行銷學的框架中，消費的目的有三個：

①獲得功能性利益

②獲得情感性利益
③獲得自我實現的利益

行銷理論中，按照市場從黎明到成熟，或是按照市場經濟地位的進展，消費的目的會從前述的①按順序進展到②和③。如果我們以筆記型電腦、手機為例，就很容易懂了。在二十年前，規格或重量是主要的選擇因素，但不久後，人們更重視設計、素材感等情感因子，之後，該品牌或商品所具有的個性或故事更漸形重要。反言之，如果靠著功能性利益就能滿足，市場等於就已經飽和了。儘管在功能上充分滿足的物品已經飽和充斥到這種程度，但我們的經濟活動，從中長期來看，尚還處在擴大路線上。關於這一點，布希亞在該書中有這樣的論述：

如果滿足是以熱量、能量，或者是使用價值來計算，一定會立刻到達飽和點。但是，很明顯地，現在我們眼前的現象卻正好相反——消費正加速度增加（中略）。除非根本放棄關於個人欲望滿足的邏輯，賦予差異化社會理論決定性的重要性，否則無法解釋。

這裡，布希亞想說的是，我們擁有的「欲望」無法解釋為個人的、內在的意識，反倒是對應到與他者的關係，也就是「社會意義」的欲望。第一次讀這本書是在二十六七歲，當時給我相當新鮮的感受。

如果，如同布希亞所說，欲望是社會性的話，行銷當中的市場開發、市場擴大中最重要的關鍵，就在於「差異的統計的極大化」。雖然理應如此，但它也會在社會產生相當龐大的無名怨憤。

我認為布希亞的「差異性消費」概念，它所涵括的範圍大大超越了「消費」這個主題。例如，我們在「實現自我」時有個前提，即應該實現的自我樣貌，是可以根據自己內心的欲望或願望來設定。但是，事實真是如此嗎？「理想的自我樣貌」如果是藉由某個特定團體具排他性的某種特性來記述，那個自我樣貌，就不是來自於內在的設定，反倒是被設定特定團體與其他團體邊界線的條件，即外在的「差異」所規定了。布希亞這麼說：

消費者以為按著自己自由的希望和選擇，採取與他人不同的行動，並不認為這個行動是差異化的強制，或對某種編碼的服從。強調與他人的不同，同時也是建立起差異的全體秩序。這個秩序從一開始，就是整個社會才成就得了的結構，不容分辯，它超越了個人。

這裡希望各位注意一點，有錢人採購名牌商品或高級車用來炫富，這種賣弄式的消費，並不是差異性消費。有錢人為了讓別人容易明白自己是富豪，所以買下法拉利、保時捷等「一看就懂的高級車」，或是在廣尾、松濤等「一看就懂的豪宅區」購置房屋，當然是差異性消費的一種形態，但並不是全部。布希亞想說的不是這部分。舉例來說，選擇開普銳斯的車、愛用「無印良品」，在郊外的鄉間居住等的主體，為了表現自己與不選擇這些的他者有所差異，才是布希亞所說的差異性消費。

也就是說，不論我們是如何無意識或無目的地進行什麼樣的選擇，其本身「選擇了它」與「沒選擇其他」的過程，就產生了符號。布希亞指陳的是，沒有人能從這狹縫中逃脫，我們本來就活在這種「符號的地獄」。

反言之，不具有特別的符號性，或者即使有符號但卻意義淡薄的商品或服務，在市場中很難存活下去。通常，自我實現性的消費會在市場成長的最後階段出現，但是那時候的「自我實現」，如果不是基於內在願望的設定，而是一如字面以「與他者差異」的形式設定，那些商品或服務設定了什麼樣的「差異」，除非刻意為之，否則很難開發出成功的商品與服務。

37 公正世界理論

——「無形努力必然會得到回報」的大謊言

梅爾文・勒納（Melvin J. Lerner, 1929-）

自一九七〇年到一九九四年，在滑鐵盧大學任社會心理學教授。現在是佛羅里達特蘭提克大學的客座研究員。被視為從事有關「正義」的心理學研究的先驅。

只要默默在暗中誠懇努力，總有一天會得到回報——不少人抱持著這樣的想法，他們認為「世界應該是公正的，而且實際也是如此」。

這樣的世界觀，在社會心理學裡稱為「公正世界理論」，第一位提倡公正世界理論的人，是以正義感研究獲得先驅性成就的梅爾文・勒納。

抱持公正世界理論觀念的人，認為「這世上只要努力就會得到回報，不努力的人會遭受懲罰。」擁有這種世界觀的人，認為「只要努力，總有一天會得到回報」，如果能夠帶動中長期的努力，也許也算是件值得欣慰的事。但是，現實的世界並沒有這樣的規律，頑固堅持這種世界觀，反而害處比較大。

必須提醒各位，受公正世界理論束縛的人會放出一些言論，可以稱之為「努力的基本教義」。

天真主張「努力總會有回報」的人經常會拿出「一萬小時定律」的說法，作為一種根據。「一萬小時的定律」，是美國作家麥爾坎・葛拉威爾（Malcolm Timothy Gladwell）在著作《異數——超凡與平凡的界線在哪裡》（*Outliers: The Story of Success*）中提倡的定律。簡單地說，他認為成就非凡的音樂家或運動選手，都經過長達令人暈倒的一萬個小時的訓練。關於這部分，我已經在多本書和部落格中提出反駁。這裡想再簡述一下反駁的要點。

葛拉威爾的主張很簡單，「想要成為世界一流的〇〇人，請自我訓練一萬個小時。如果這麼做，你一定能成為一流名家。」但是，雖然他提出這麼大膽的定律，書中所揭示的論據卻寥寥可數，只從部分中提琴團體、比爾・蓋茲（著迷於寫程式一萬個小時），以及披頭四（出道前在舞台表演了一萬個小時）觀測到這個定律，其實證據十分薄弱。

不只是葛拉威爾，多本主張「三分天才七分努力」的書，都擁有這個共同特徵，舉例來說，大衛·申克（David Shenk）所寫的《別拿基因當藉口：擺脫遺傳，通往天才的10個竅門》（*The Genius in All of Us*），就以天生天才的代表莫札特為例，舉出他從幼年開始就有長期集中訓練和努力的積累作為論據，與「三分天才七分努力」的定論相結合。這是邏輯發展上經常出現的初級錯誤，完全不能成為命題的證明。

第一，真正的命題應該是這樣：

命題一：天才莫札特有努力。

針對這個命題的逆命題是：

命題二：只要努力，就能成為莫札特那樣的天才。

將它視為真，就是「逆命題」經常可見的錯誤。

正確應該是：

命題一：天才莫札特有努力。

以真命題導出的是對偶命題，也就是：

命題三：沒有努力，就不能成為莫札特那樣的天才

它並不會導出「只要努力，就能成為莫札特那樣的天才」的結果。

那麼，這意味著努力完全沒有意義嗎？當然不是。根據實際研究的結果可知，一萬小時定律能不能成立，是由學習的樂器、項目、科目而定。

普林斯頓大學馬克納馬拉副教授和他的團隊，對八十八件有關「自覺訓練」的研究，進行數據分析，得到的結論是：「練習對技藝的影響程度，視技術的領域而有所不同。學習技藝需要的時間並沒有定數。」[2]

具體來說，該論文介紹了各領域「可解釋練習量多寡影響表現差異的程度」。

家用遊戲機：二六%

樂器：二一%

運動：十八%

教育：四%

知識專業工作：[illegible]%以下

看到這個數字，就可以明白，葛拉威爾主張的「一萬小時定律」是一套誤導民眾的不良主張。「努力會得到回報」的主張反映了一種世界觀，十分打動人心。但是，它畢竟只是個願望，如果我們不能看清現實世界並沒有這種定律，就很難讓「自己

[2] Brooke N. Macnamara (Princeton University), David Z. Hambrick (Michigan State University), and Frederick L. Oswald (Rice University), [Deliberate Practice and Performance in Music, Games, Sports, Education, and Professions: A Meta-Analysis], Association for Psychological Science 2012.

的人生」過得豐富而有意義吧。

接著，我們再回到「公正世界理論」的主題。我們剛才已經解釋過，實證研究否定了公正世界理論，即「努力者有一天必得回報」的想法，根據競技或項目的不同，會改變努力累積量與表現的關係。也就是說，胡亂被這個理論約束，很可能會把人生浪費在一再努力也不會成功的「徒勞無功」上。

接著，我想再指出「公正世界理論」的另一個問題點。那就是受這個理論約束的人，經常會做反向推斷。換句話說，他們會認為「成功的人，是因為他們經過相當的努力才得以成功」；相反地，看到遭遇不幸的人，就會認為「遭遇那種失敗，原因恐怕是出在他自己身上」，那是一種「責怪受害者」、「責怪弱者」的偏見。例如，日本有很多民間俗諺都和「責怪受害者」有關，像是「自作自受」、「因果報應」、「害人終害己」、「自己播的種」等。

我們更不能忘記，納粹德國屠殺吉普賽人、猶太人，或是世界許多國家對弱者的迫害，都是奠基於「世界既然是公正的，那麼處於困苦的人民一定有什麼問題才會導致這種結果」的世界觀。

進而，我想再提醒一點，束縛在「努力就會得到回報」的公正世界理論中，有可能會產生「仇視社會或組織」的想法。邏輯非常簡單。假設「世界必須是公正的」，那麼只要一直真誠努力下去，總有一天必須被提拔、出人頭地。但是，如同前述所說，現實世界並不公正，所以，默默暗自努力，既得不到提拔，也沒有出人頭地的機會。那麼會發生什麼事呢？他們的想法會變成，世界必須是公正的，但是這個組織不公正，總之是這個組織在道義上有謬誤，不久就會開始仇視這個組織了。這也正是恐怖主義誕生的心理過程。

一九九九年，日本發生過一個事件，集團企業（普利司通運動）的五十八歲課長，因為被強迫接受優退制度，衝進總經理室切腹自殺的悲劇。衝進總經理室的男子留下了抗議書，其中有一段是這樣的。

> 自入社以來三十餘年，視普利司通為命運共同體，廢寢忘食、連顧及妻兒的時間都沒有，全力工作。是支持公司的從業員醞釀、建立起今日的普利司通。

再沒有比這篇抗議文血淚斑斑的內容，更能明白顯示出，被公正世界理論束縛的人，最後會如何仇視組織。

廢寢忘食、連顧及妻兒的時間都沒有，全力地工作。選擇這樣的人生是個人的自由，公司對這片丹心有沒有回報，是另一個問題，但是認為「世界必須公正」的人而言，這是不可原諒的事。

世界並不公正，但是身在這樣的世界，持續為朝向公正世界而奮鬥，是我們責無旁貸的任務。但請牢記一點，抱持「默默暗自努力總有一天會得到回報」的思想，可能只會破壞人生。

第／4／章

關於「思考」的關鍵概念

——為防落入常見的「思考陷阱」

38 無知之知

——學習會停頓在「我懂了」的瞬間

蘇格拉底（Socrates, 469-399 BC）

古希臘哲學家。為了反駁在德爾斐得到的神諭——「沒有比蘇格拉底更有智慧的人」，再三與各方智者對話。但是在對話過程中，發現那些智者連自己說的話，都不完全理解，於是，他將揭發「佯裝智慧之人的無知」視為畢生志業。

無知之知，簡單說就是「知道自己不知」。為什麼無知之知這麼重要呢？因為若沒有「自己不知」的認知，學習就不會開始。這話雖然不用說也知道，但是認為「我已懂了」的人，就會在知識上怠惰。人類就是在「我不知道（不懂）」的想法驅使下，才會努力去探索、求教。

把它整理成走向專家達人之路的話，分成以下四個階段：

①不知道自己不知。
②知道自己不知。
③知道自己已知。
④不知道自己已知。

還沒有開始以前，是最早的「不知道自己不知」狀態，因為連「自己不知道」都「不知道」，還沒有發生學習的欲望或需求。蘇格拉底指摘的便是，許多號稱「智者」的人，只是裝出「知道的樣子」，其實是在「不知道自己不知」的狀態。

接著，因為什麼機緣，踏進「知道自己不知」的狀態，這裡才第一次發生學習的欲望和需求。

之後，經過再三學習和經驗的累積，又進入「知道自己已知」的狀態，也是「關於自己已知這一點，自己已經有了意識」的狀態。

最後，來到了真正專家達人的領域，就是「不知道（忘記）自己已知」的狀態。總之就是到了對於已知這件事，即使不刻意想起，身體也會自動有所反應的層次。

人們在諮詢企畫案時，經常會把「最佳實踐」（best practice）當成指標。最佳實踐就是「最佳做法」的意思，通常能夠達成「最佳實踐」的，都是大師級的人物。但是，詢問大師如何達成這點，大多非常需要辛苦奮戰。為什麼呢？因為若是請教大師「為什麼能這麼精通熟練？」由於他們「不知道自己已知」，所以大多會回答：「呃……我其實什麼也沒做……」因此在這種狀況下，與其在訪談中請他傳授，不如實際參觀工作現場，從觀察中引導出大師的祕密，更為有效果。

我們很容易認為自己「已經懂了」。但是，真是如此嗎？英語學者渡部昇一是名著《知性生活的方法》的作者，他曾說過：「如果沒有懂到令你背脊發寒，就沒有真懂。」前面也介紹過歷史大師阿部謹也的小故事，提到他的老師上原專祿提醒他「所謂的懂，就是自己經由懂而有了改變吧。」兩者都指出了「懂」的深遠意涵，和對自己的衝擊。我們的學習在自認「懂了」的時候就會停頓下來。真的懂到「背脊發寒」嗎？懂到認為自己經由懂而有了改變嗎？也許我們對自認「懂了」這件事，還應該再多「謙虛」一點。

這則忠告，也提醒了我們急就章的危險性。我長年從事的顧問業界中，人們有幾個特別的口頭禪。其中最常說的，大概算是「總而言之，你說的就是〇〇吧」。顧問這種人喜歡將事物一般化，用模式來認識它。聽了別人的話，到最後很難壓抑「想歸納的欲望」。但是，抽出對方說話的要點，將它一般化加以歸納，並非總是會帶來好的結果。

第一，在對話中，說話者交叉做了各式各樣的解釋，費盡唇舌地說完之後，你卻將它單純化，歸納成「總之就是〇〇吧」，即使這句話確實抓到要領，但也許還是會給人一知半解，或者是零零落落的感覺。又或者對「聆聽者」來說，總是用「總之就是〇〇吧」收尾的習慣，也會限制他擴展世界觀的機會。

我們在無意識當中，會在心裡形成「心智模型」。心智模型是我們每一個人心中「觀看世界的框架」。而且，現實的外在世界透過五感感受到的資訊，我們會在心智模型匯入、扭曲成可以理解的形式來接受。「總之就是〇〇吧」的匯整方法，只不過是將從說話者聽到的話，套用在自己的心智模型後理解的方式。但是，一味使用這種聆聽法，就得不到「改變自己」的契機。麻省理工學院的奧圖・夏默（Otto Scharmer）提倡的「U理論」中，將聆聽別人說話的深度，分成四個等級。

等級一　從自己框架內的視角思考

將新資訊輸入過去的主見中。如果未來是位於過去的延伸會有效果，但如果不是，狀況將會出現毀滅性的惡化。

等級二　視角位於自己與周圍的邊界

可以客觀地認識事實。如果未來是位於過去的延伸會有效果，但如果不是，就會變成對症療法，無法找出本質性的問題。

等級三　視角位於自己之外

與顧客成為一體，甚至可以用顧客日常使用的語言表現顧客的感情，可以和對方建立比商務交易更深的關係。

等級四　自由的視角

獲得與巨大知覺相連結的感覺。過去生活的體驗、知識全部連繫起來的感覺，而不只是理論的堆積。

從這四階段的溝通等級中，可以知道「總之就是〇〇吧」的歸納法，只屬於其中最淺薄的聆聽方式——「等級一：下載資訊」。這種聆聽方式，聆聽者無法獲得脫離過去框架的機會。如果想進行更深度的溝通，從與對方的談話中，得到更深的領悟，或創造性地發現、轉化，就必須戒掉用「總之就是〇〇吧」的模式認知，並與自己已知的數據相對照。

當我們想要用「總之就是〇〇吧」來歸納的時候，就提醒自己，這麼做有可能失去新的領悟或發現。

簡單的「懂了」，只有累積性補強過去心智框架的效果。若是自己真正想改變、成長，最好戒掉隨便就「懂了」的念頭比較好。

39 理型論

——是不是困在理想裡輕視現實？

柏拉圖（Plátōn, 427-347 BC）

古希臘哲學家。師事蘇格拉底後，開設自己的學校「柏拉圖學院」，指導亞里斯多德等後進。一般認為柏拉圖的思想是西洋哲學的源流，例如，哲學家阿爾弗雷德．諾斯．懷海德（Alfred North Whitehead）就說「西洋哲學的歷史，只不過是對柏拉圖的大量註解」。現存的著作大半都是採取對話篇的形式，除了部分例外，主要對話的對象都是柏拉圖的老師蘇格拉底。

柏拉圖倡說的理型論，簡單地說，就是「想像中的理想形」。比方說，當我們看到樹木，便能判斷出「這是樹木」吧？但是，每棵樹長得全都不一樣，恐怕找遍全世界，也找不到兩棵「完全相同的樹」。儘管如此，我們還是能指認出它們是「樹」，這是為什麼呢？

柏拉圖認為，這是因為我們懷有「樹的理型」。柏拉圖說，理型不存在於現實世界，只有天上有。而現實世界的萬事萬物，只不過是天界理型劣化的複製品。例如，我們都了解「三角形」的概念。實際看到三角形，就能立刻辨認出「這是三角形」。但是，眼前的三角形，真的是純粹的三角形嗎？事實上並非如此。比方說，印刷在紙上的三角形，初看時確實是正三角，但是放在放大鏡底下，則印刷的網點會浮現出來，線看起來不像線，角也不像角了。總而言之，就純粹的意義來說，三角形在現實世界並不存在。但是，我們能理解三角形這個概念。照柏拉圖的想法，那是因為我們知道天上有「三角形的理型」。

話題稍微扯遠了。如果把柏拉圖的這個想法和人工智能的問題合在一起思考，結果會十分有趣。給人類看狗和貓的照片，即使是小孩子也能簡單分辨牠們。但是，如果讓人工智能來分辨，卻是難上加難。因為如果不幫電腦設定符合什麼樣的條件歸類為「貓」，符合什麼樣的條件歸類為「狗」，它就無法判斷。那麼，要設定什麼樣的條件呢？這就成了一大問題。我們是如何將「貓」判斷為「貓」，將「狗」判斷為「狗」？回溯性的語言表現相當困難。因此，現在的人工智能已經放棄這種「用條件分類」的方式，而是讓它記憶大量的「狗」或是「貓」的照片，採取「機器學習」的方式，統計性地讓它認知「這是狗」、「那是貓」，於是乎電腦能夠以相當高的精確度，分類出「狗和貓」。

而依據柏拉圖的理論，我們是因為擁有「狗」和「貓」的理型，才能夠見「狗」識「狗」，見「貓」識「貓」。假設他的理論是正確的，只要能夠在人工智能中植入「狗的理型」和「貓的理型」，也許就不需要用那麼粗糙的方式，讓它記憶大量的數據了。

讀到這裡，可能很多人對於柏拉圖理型論的思考方式，很不能認同吧。其實，柏拉圖的高徒亞里斯多德也這麼認為。亞里斯多德在柏拉圖死後，屢屢批評理型論，亞里斯多德的理型論批評，擴及各個層面，總括來說，就是「把現實無法驗證的假想當作思考的立足點，毫無意義」。亞里斯多德的想法是，應該仔細觀察眼前的現實，將它立於思考的立足點，而不要玩弄想像的概念。

然而，我們往往也會受限於理型論，做出輕視現實的事。許多企業中實施的人事制度就是最典型的例子之一。舉例來說，各位聽過目標管理制度吧。幾乎所有日本企業都採用這種人事制度。但是，如果你問我，有沒有公司真的按照它原本設計的想法，讓它發揮應有的功能呢？據我的觀察，恐怕絕大多數都沒有做到吧。人事制度，可以說是理型論的謬誤之最，人事部或人事顧問在設計制度時，都把「人事理型」放在概念中，但是，一旦現實運行時，就如柏拉圖所指陳的，只能變成「現實中理型劣化的複製品」。本節一開始便說，理型論是「想像中的理想形」。的確，描繪理想型作為「應有的樣貌」是訂定策略上的重要起點，但是大家必須知道，如果太過拘泥於這一點，將有陷於「不切實際」的危險。

柏拉圖在他的大作《國家》中，提倡「哲人政治」的主張，認為應該由了解「國家理型」的人來執掌政治。但是，現實又是怎麼樣？柏拉圖為了實現「哲人政治」，接受敘拉古國王狄奧尼修斯二世的輔佐官狄翁的邀請，前往西西里，想嘗試教育國王。但是卻被牽連到政爭之中，甚至差點被關入監獄，最後驚慌狼狽地回到雅典。柏拉圖的理型論完全失敗。

40 偶像

——「誤解」是有模式的

法蘭西斯・培根（Francis Bacon, 1561-1626）

文藝復興晚期的英國哲學家、神學家、法學家，被稱為經驗主義之父。他認為透過深入觀察自然現象，和觀察結果的歸納性推論，可以得到正確的知識。培根與威廉・莎士比亞同一時代，也有一說認為莎士比亞是培根的筆名。

「知識就是力量」，相信很多人都聽過這句話，這是法蘭西斯・培根的名言。哲學的歷史分為許多流派，各成系統。我這麼說，各位也許很難想像。就比如「搖滾樂」這種音樂，依據表現的形式或裝束打扮，就可以分成前衛搖滾、龐克搖滾、重金屬等副分類。所以只要這麼想就行了。法蘭西斯・培根，就是其中「英國經驗主義哲學」流派的開山始祖。

所謂的經驗主義，也並沒有什麼艱深的理論。只是他們站在重視從經驗帶來的知識的立場，將「歸納」優先作為推論方法。與經驗主義對立的是「理性主義」，開山祖師是亞里斯多德的形式邏輯學，後來由笛卡兒、萊布尼茲繼承。理性主義更重視基於理性的思考，並且將「演繹」優先作為推論的方法。

培根認為，亞里斯多德的邏輯學，用演繹——即一般化的法則來推導出個別的結論，反而容易誤導。正確的知識應該從經常實驗、觀察的「經驗」展開才對。因而，培根的知識生產系統中，最重視的就是觀察和實驗。不過，從另一方面來說，人類的認知能力仍有靠不住的地方，如果出現誤解或偏見，就無法推導出正確的結論。

那麼，人沒有正確認知而導向錯誤的案例，有哪些模式呢？培根提出了「四種idora（偶像）」來回答這個問題。idora 在拉丁語中是「偶像」的意思，它也就是現在偶像 idol 這個詞的語源。

具體上，培根對四種偶像提出了什麼樣的論述呢？

・種族偶像（自然性質造成的偶像）

培根以「人類這個種族或族群在人性中固有的幻象」作為偶像的概念。這解釋十分拗口，說得淺白一點就是「錯覺」。舉例來說，地平線上的太陽看起來比實際更大，吃過甜食之後再吃橘子會覺得酸，就是典型的「種族偶像」。

・洞穴偶像（個人經驗造成的偶像）

培根以「來自個人固有的特殊本性，或是來自所受教育與他人交流的經驗而形成」作為偶像的概念。也就是所謂的「自以為是」，是一種以自己所受教育、經驗等狹窄範圍的資料為根據決定的謬誤。例如，有人與外籍同事偶爾有了摩擦，從這個經驗而覺得外國人很難相處，可以說這就是典型的洞穴偶像。

・市場偶像（傳聞造成的偶像）

這是培根從「人類相互接觸與交際」中產生的偶像概念。因為用詞的不適當而產生的偶像，也就是所謂溝通錯誤的意思。簡單地說，就是相信「謊言」或「傳聞」

為真實，受其所惑。有些人會把在「八卦網站」上聽到的傳聞說給別人聽，還擺出萬事通的嘴臉。這種人容易陷入「市場偶像」的迷思。而為什麼叫做「市場」呢？因為市場裡人很多，流言蜚語到處飛。

・劇場偶像（權威造成的偶像）

培根認為，「哲學的各種學說及未正確使用的學說推論過程」也是一種偶像，也就是無條件地相信名哲學家的主張等權威或傳統而產生的偏見。像是有很多人對電視、雜誌上經常出現的評論家言論深信不疑，這種人就可以算是典型受「劇場偶像」所惑的例子。現在這種可以叫做「媒體偶像」吧。

如何？將這四項羅列下來，可以發現，我們試圖正確理解事物時，這四種偶像的確會是阻礙理解的一大因素。

關於這四種偶像，有兩個觀點最好牢記在心。

一，作為自己主張根據的知識，有沒有因為任何一種偶像而扭曲了呢？

二，在反駁他人意見時，作為主張根據的前提，有沒有因為任何一種偶像而偏差了呢？

培根認為，人的心智一旦經由這些偶像而認定了某個觀點，就有將一切思想去迎合它建立的傾向。有了這種偏見，即使出現了許多反駁該觀點的事例，人們也會視若不見，或者至少會輕視它。因此，培根提倡人類必須先掃除這四種偶像，才有能力找到真理，恢復它原本的面貌。

41 我思

——不如當作沒發生過，從「確定無疑處」重新開始

勒內．笛卡兒（René Descartes, 1596-1650）

出身法國的哲學家、數學家。著名的近代哲學始祖。笛卡兒制定了下面的公式，自己做為思考主體＝精神存在。「我思，故我在」是哲學史上最為有名的命題之一。

「我思，故我在」，可能是哲學史上最有名的哲學命題之一，用拉丁語來說，是「Cogito Ergo Sun」。而本節標題「我思」（cogito）就是引自這個命題的第一個字。笛卡兒在他的代表作《方法論》中提出，用「我思，故我在」這個命題作為思考的立足點。那麼，這個命題到底具有什麼意義呢？

以前，我在網路上讀過一個神解釋：「不思考的人（即笨蛋）就不存在」。當然笛卡兒不是這個意思。笛卡兒想說的是：「沒有什麼事物確定存在。只有我們有普

遍懷疑的精神這件事是不容懷疑的。」身為現代人的我們，聽到這樣的說法，可能也只能回答「欸⁉這麼說也沒錯啦。」但是，笛卡兒為什麼要大費周章地提出這個不言自明的道理呢？

說得簡單點，這是笛卡兒想出來的「障眼法」。而他想要遮掩什麼呢？其實他是在對當時的權威天主教和斯多噶主義挑釁，要他們「好好用自己的腦袋想清楚！」不過，如果不了解笛卡兒出生的時代背景，可能很難理解這在當時是多麼驚天動地的大事。

笛卡兒出生在宗教戰爭的時代，《方法論》完成於歐洲最大的宗教戰爭——三十年戰爭的期間。不用說，三十年戰爭是天主教與新教之間的戰爭，簡單的說，兩者的爭執點就在於，信仰和教義的內涵誰才是真理。

基督宗教裡研究教義與信仰內涵的人是神學士。這個時代，雙方的神學士都寫了長篇累牘的論文，主張「自己說的才是真理」，但是當然沒有定論，不久，整個歐洲就進入以血洗血的大戰爭中。

究竟為什麼會這樣呢？自羅馬帝國滅亡後，中世紀期間一直由羅馬天主教會執掌

「真理」，大概是這個原因使得古希臘人辛辛苦苦努力累積「有關真理的探討」到了中世紀時代大多失傳。

如果各位手邊有哲學史，不妨翻開來看看這段過程，十分有趣。如果將歷史上留名的哲學家，從古希臘時代的蘇格拉底，到現在的德勒茲、瓜塔里按照時代順序排列，你會發現其中的人物從五世紀左右希波的奧古斯丁、波愛修斯之後，接著到十三世紀羅傑・培根、湯瑪斯・阿奎那等人物上場之前，有八百年「空白期間」，沒有任何著名的哲學家出現。

不只是哲學，在自然科學、文學上也同樣可以看到這個現象。但是，總之這個時期，歐洲可以說陷入長期的民智停滯，甚至可以說是「民智倒退」。

難以置信的是，古希臘時代的亞里斯多德在人文科學、自然科學領域留下了重要的成就，但他的見解、著作在這個時期的歐洲卻幾乎完全散失。除了部分著作，大部分都不見了。當時的社會，追求真理不是人的工作，真理由上帝司掌，只有可以和神對話的聖職者能向民眾展示，是這樣的社會秩序產生了上述的結果。直到十三世紀，亞里斯多德的著作才終於從伊斯蘭世界反向回到歐洲重新復活。

但是，此時發生了一個麻煩。那就是新教與天主教之間引發了「雙重真理」的問題。想像一下兩者各自主張「我才是真理」，打起泥巴仗的情景，立刻可以理解它的荒唐。中世紀的人也不是笨蛋，尤其是知識階級的階層也開始思考「這不是哪一邊正確的問題吧。」就在那個時期，大家開始對「基督教顯示的真理」漸漸產生疑心，在到達引爆點的時候，也就是笛卡兒提出「在這種情形下，不如全部當作沒發生過，從確實之處重新開始吧」的時候。

但是，有什麼東西是確實的呢？連肉眼可見的現實，都可能是錯覺或是夢，這麼一想，很難說出確實是什麼，這叫做「方法的懷疑」（methodical doubt）。笛卡兒用這種方法普遍性地懷疑時，最後發現只有一點不需懷疑，「那就是懷疑本身」。從這個「確實的點」，不斷縝密地探索下去，會不會就能靠一己之力到達真理，而不用仰賴上帝或教會等權威呢？這就是笛卡兒「我思，故我在」障眼法的核心。

如果用本書的框架來解釋，笛卡兒展現的知性態度，確有讓人佩服之處。從「過程中學習」這一點來說十分了不起。在那個時代，他敢把思考前提的知識框架完全打破，不趨附權威，在縝密檢驗確實性中建立思考。這種很酷的態度值得鼓掌。但是，從另一個角度「輸出中的學習」來看又如何呢？

各位讀者大概會這麼想吧。我們已經知道，笛卡兒從「我思，故我在」這個「確實的點」出發，試圖累積縝密的探索。所以，在「累積縝密的探索」之後，笛卡兒到達了什麼樣的「真理」呢？也就是說，大家會有個疑問，已知笛卡兒旅行的出發點在「我思，故我在」，那麼到了旅途的最後，他來到什麼樣的終點呢？從結論來說，笛卡兒從那個出發點，一步也沒能跨出去。

笛卡兒在《方法論》裡，從「我思，故我在」這個「確實的點」出發，想要嘗試「證明上帝的存在」。內容如下：

①我正在思考，我的存在無庸置疑。
②我正在思考，我心中的觀念也無庸置疑。
③觀念有四個，「物」、「動物」、「人」、「上帝」。
④從完全性的觀點來評價這四個觀念，則「物＜動物＜人＜上帝」。
⑤較不完全的事物不得成為完全事物的原因。

⑥根據②，「上帝的觀念」存在於人心，無庸置疑。而根據⑤，「上帝的觀念」的原因不得為人。

⑦因此，「上帝的觀念」的原因，只有是比人更完全的上帝。

⑧因此，證明上帝的存在。

大概沒有人會覺得，「恍然大悟！」「原來是這樣來的啊~」……吧。這種證明宛如詐騙師般的權宜說法，對現代的我們來說，實在無法接受。不過，笛卡兒自己看來也對這個證明「不太滿意」。《方法論》出版之後，他在給朋友的書信中提到，有關上帝存在的幾頁，是書中「最重要的部分」，但是另一方面也是「全書中修潤最不夠的部分」，坦白說「直到最後出版社來催稿為止，還不能下決心要不要加進去。」也許他害怕「不用依靠上帝或教會的權威，用自己的腦袋思考」的訊息，會觸怒教會，所以在該書中「證明上帝存在」來求得原諒。不管怎麼說，當時就已經有「假惺惺的不自然感」，同時代的哲學家帕斯卡也說：「如果可以的話，笛卡兒也想用『無神』做結論吧。」

笛卡兒的「我思」，讓我們獲得各種各樣的洞察。第一，「從過程中學習」方面，他讓我們了解暫時把社會中的支配架構打破，自問「真的是這樣嗎」，然後用自己頭腦思考的重要性。但是，在「從輸出中學習」方面，他讓我們知道過於縝密的思考，出人意表地只能得到無意義的結論。這一點，從後世哲學家並沒有將笛卡兒的「我思，故我在」命題作為思考出發點，就可以知道了。

42 辯證法

——進化是「過去發展的回歸」

格奧爾格．威廉．弗德里希．黑格爾（Georg Wilhelm Friedrich Hegel, 1770-1831）

德國哲學家。除了唯心主義哲學以及辯證邏輯學方面的成就之外，在政治哲學的領域也留下了偉大的成就，成為近代國家理論的基礎依據。他對哲學的所有領域，都有涵括性的論述，包含認識論、自然哲學、歷史哲學、美學、宗教哲學、哲學史研究。

什麼是辯證法？簡單地說，就是「尋求真理的方法論的名稱」。若問是什麼樣的方法論呢？就是「讓對立的思想互相碰撞、爭執，藉此發展出想法。」哲學的教科書中，經常用下列的過程來解釋：

①首先提示命題（thesis）A（正）

②接著提示與A矛盾的反命題（antithesis）B（反）

③最後提示解決A與B矛盾的統合命題（synthese）C（合）

我來舉個常用的譬喻吧。有人主張「它是圓的！」（正），另一人主張「是長方形！」（反），如果在二維空間的前提下，這兩個主張於形式邏輯上不能同時成立，有一方一定是錯的。但是，這時出現另一個主張：「且慢，這不是圓柱形嗎？」（合），於是就以統合兩者的形式解決了問題。拿掉二維空間的前提，便成立了新的命題，即兩者主張在不矛盾的狀況下同時成立。辯證法中，這個第三步驟就叫做揚棄（aufheben）。

那麼，這樣就結束了嗎？並非如此。據黑格爾的說法，對於用上述方法提出的「統合命題」，要再提出反命題，經由兩者爭論，會再提出新的命題。一再重複之下，我們就能接近真理。這就是黑格爾的主張，不過連我自己在寫這段的時候，都感覺有些蹊蹺。但讓我們繼續看下去。

黑格爾指出，辯證法不僅用於真理的探索，也能套用在歷史上。就例如有一種社會形態，再提出否定它的另一種社會形態，最後以統一兩者矛盾的形式，提出理想社會作為綜合命題，以這種方式讓社會發展。黑格爾的主張是，為了進臻理想的社會，人類需要鬥爭。

在我們現代人的眼光裡，這種思想實在太天真，不過我們應該把時代的差異列入考慮。黑格爾在世的時代，正是從君主制變換成共和制的轉換期。法國大革命發生時，黑格爾正是最多愁善感的大學時期。而且在面對君主制這個命題，提出共和制的反命題後，事實上成就了革命。後來人們把黑格爾「社會透過鬥爭而發展」的思想，視為革命的思想基石，之後進而形成馬克思主義、共產革命的思想基礎。

社會實際上是否會照著這種方式發展，或是從根本上來說，「社會發展」的思想本身是否健全（社會發展的思維，必然會產生「已發展社會」與「未開化社會」的框架）？姑且不論這些論點，將兩個相反的命題，統合成同時成立並追求新創意，對生活在現代的我們來說，也是十分必要的求知態度。

我們不論在公共或是私下場合的立場，經常都被迫二選一做一取捨。許多時候兩個選項乍看之下無法同時成立，但是事實真是如此嗎？如同黑格爾的看法，透過知性的鬥爭和對話，找出兩者共存的途徑，我們不應該否定這種態度才對。

對於需要取捨的兩個選項，「兩個都想要」或「兩個都討厭」的意見，聽起來也許像是小孩子耍賴，可是我們不可忘記，許多創新就是在「知其不可而為之」的行動中，達成兩者並存的創新結果。

統合性地化解乍看無法並存的兩個命題，是辯證法的思考方式，而這時你只要記得統合命題是藉由「螺旋式發展」出現就行了。辯證法中，當事物發展的時候，並不是呈直線進行，而是螺旋式發展的。螺旋式發展的意思就是指，「進化、發展」與「復古、復活」同時發生。

舉例來說，本書一開頭介紹的教育革命就是這樣的例子，教育革命的進展，用剛才辯證法的流程來記錄，就會是這樣：

A：招收村子裡的孩子，配合每個人的發育和興趣，實行教育，即私塾＝命題

B：招收同年齡的孩子，用統一相同的課程實行教育，即學校＝反命題

採取A方式，可以配合每個孩子的成長，給予精細的教育；但是相反地，在效率上會有問題。採用B方式，解除了效率的問題，但是迎合發育程度，傳授精細教育這一點上，卻成了問題。結果，近一百年來，基本上都採用B方式，對於少數適應不良的例外，再採用A的方式。

但是，到了近幾年，利用ICT（線上通訊技術）的力量，全世界都漸漸採取新的教育體系，消除在A與B間取捨。這種形式是在家中經由網路傳授課程，兒童各自若有不懂的地方，再到學校請教老師，所以，也就是揚棄了剛才的A和B，得到了新的創意。

C：召集同年齡的孩子，配合每個人的理解和興趣施行教育＝統合命題

如此一來，傳統私塾型的教育靠著ICT之力，也達到了在「進化、發展」中「復古、復活」。同樣的例子還有很多，像是昔日市場的限價交易，以反向式拍賣的形式重新復活。村落共同體的集會，以社群媒體的形式復活，不勝枚舉。

再進一步的話，掌握住這種「螺旋式發展」的意象，還可以預測未來。憑藉辯證法的螺旋式發展，是將古老的事物，以更便利的方式復活。所以，未來出現的事物，我們也可以想成是利用ＩＣＴ之力，提高過去某物的效率性、便利性重新復活而成。

沒有任何立足點的狀況下，即使想要「預測未來」，恐怕也只是白日夢般的空想。但如果是過去存在，只因為效率低而暫時從社會中消失的事物，採取別種形態，便能在社會中復活發展，用這個角度思考，豈不是就會跑出各式各樣具體的創意嗎？

43 能指與所指
——語言的豐富度直接通往思考的豐富度

斐迪南．德．索緒爾（Ferdinand de Saussure, 1857-1913）

瑞士語言學家、語言哲學家，被譽為「近代語言學之父」。

先有「物」而有「詞彙」。我們通常是感覺先有實在的「物」，之後才對它追加賦予了「詞彙」。這只要讀《舊約聖經》就懂了，在〈創世紀〉二章十九節有這樣的記述：

耶和華 神用土所造成的野地各樣走獸，和空中各樣飛鳥，都帶到那人面前看他叫什麼，那人怎樣叫各種的活物，那就是他的名字。

但如果真只是如此，就無法說明為什麼物的體系和語言的體系，在每個文化圈都不相同。索緒爾指出：

「法語的『羊』（mouton）與英語的『羊』（sheep），在語義上大致相同。但是這個詞具有的意義廣度卻不同。理由之一，烹煮好端上餐桌的羊肉，在英語中叫做『羊肉』（mutton），而不叫 sheep。sheep 和 mouton 的意義廣度不同。（略）如果語文是將事先得到的概念表象出來的東西，那麼在某國語存在的詞彙，在他國語中，應該也會找到意義完全相同的對應物，但是現實卻不然。」

內田樹《躺著也能學會的結構主義》

用「羊」做例子，對日本人來說可能有點陌生，不太好了解。但這裡重要的是「意義的廣度」這個見解。換句話說，某個詞彙指示的概念範圍，每個文化圈各不相同。

例如，「蛾」和「蝶」是我們比較熟悉的詞，我們常會以為，這兩個詞是為「蛾」和「蝶」這兩種原本就有的昆蟲所取的名字。然而依索緒爾的說法，這種想法是錯的。因為，在法語中，既沒有「蛾」這個字，也沒有「蝶」這個字，只有一個包含兩者的詞，叫「Papillon」。我們分別用「蛾」和「蝶」兩個詞指稱的概念，在法國，卻用「Papillon」這個更「大幅度」表現的字，歸納到一個範圍裡了。這一點非常容易被誤解。對初學者解釋時，經常會說「蝶這個詞相當於Papillon，但是沒有相當於蛾的字。」但這種的理解根本誤解索緒爾的意思。索緒爾說的是，整理概念的系統有著根本的不同。日本人將「蝶」和「蛾」分成兩個不同的概念，但如果只是說法文有相當於「蝶」的字叫「Papillon」，但是沒有相當於蛾的字，那就是說法國人也和日本人一樣，將「蝶」與「蛾」整理成不同的概念了。但不是這樣的，應該說法國人既沒有「蝶」的概念，也沒有「蛾」的概念，而是用了完全不同的「Papillion」概念，將兩者放在同一個集合裡。反言之，從嚴格的意義來說，日語當中沒有對應到法語「Papillon」概念的字。

在所有狀況中，我們發現到的事實是，概念並非預先得到的東西，而語言擁有的意義，在每個語言系統裡，都有不同的厚度。（略）概念有獨特性，也就是說，概念是根據與系統內其他項的關係，而做出的缺乏某種性質的定義，並不是根據法定所含的內容來定義的。更嚴格地說，某個概念的特性，即意味著「不是別的概念」。

內田樹《躺著也能學會的結構主義》

索緒爾將表現概念的語言，取名為能指（Signifiant），語言所反映的概念稱為所指（Signifie）。例如，前述提到的例子，在日語中，用「蝶」和「蛾」兩個能指，來表現兩個所指。而法語中用「Papillon」這個能指，表現既非日語的「蝶」也非「蛾」，而是兩者合在一起的所指。而且，能指與所指的體系，在不同的語言中差別很大。除了前述的譬喻之外，在日語中「湯」與「水」[10]是不同的能指，但在英語中只有「water」一種能指。或者像「戀」與「愛」是不同的能指，但是英語中只有「love」的能指。

索緒爾的論點，為什麼那麼重要呢？這可以分成兩點來說明。

第一，因為他提示了，我們對世界的認知，是由自己依據的語言系統大略規定的。前面已經說過，西洋哲學是從「世界是怎麼形成的？」的「what 問題」起步的。自這個「發問」出現後，一直到十七世紀笛卡兒、斯賓諾莎等哲學家都認為，只要

[10] 譯注：日語中的「湯」是指熱水。

奠基於事實，累積明晰的思考，就能夠到達「真理」。但是索緒爾丟出了一個大問號：「真的是這樣嗎？」為什麼這麼問呢？不用說大家都知道，我們是用語言在思考的吧。但是，如果那個語言本身已經有了某個前提，會怎麼樣？我們原本想運用語言自由地思考，可是思考卻還是依據該語言所依據的框架。在真正的意義上，我們並不能自由地思考。該思考會不可避免地受到它所依據的某種結構巨大的影響。這就是結構主義哲學的基本立場。索緒爾本身雖然是語言學家，卻因為這個原因而被譽為結構主義哲學的始祖。另外值得一提的是，馬克思、尼采、佛洛伊德也從別種角度提出「我們只能按著我們依據的結構思考」的說法。他們分別指出，我們的思考會因為「社會的立場」、「社會的道德」、「自己的下意識」等，而產生不可避免的扭曲。而這些思維在不久後，都被收入李維－史陀所代表的結構主義哲學中。經由理性的探索，可以達到真理的思想，自古希臘時代開始源遠流長，可以稱之為「理性的基本教義」，而索緒爾卻從不同於哲學的另一個面向，指出這種想法的決定性缺陷。這就是索緒爾論點之所以重要的第一個原因。

索緒爾論點為什麼重要的第二個原因，是因為它啟示我們，語彙的豐富度，直接連結到分析掌握世界的力量。前面我們比較了日語和法語，或是日語和英語。如果我們在同樣使用日語的團體中，將擁有較多能指，和擁有較少能指者相比較，會怎麼樣呢？如索緒爾所說，如果某個概念的特性，是「不是別的概念」，那麼擁有較多能指的人，就可以將世界細細分割了解了。細細分割就是分析的意思。擁有某個能指，也就掌握了某個所指。只知道某個概念詞彙的人，並不能將概念這個詞中所蘊涵的「能指」與「所指」區分認識。只有知道「能指」這個語彙，在表現某個概念時，判辨它是「能指」還是「所指」的機制才會運作。因而這會影響到用更細的精度將世界分析、掌握的能力高低。

本書介紹的哲學、思想用詞，也正具有同樣的功能。這些用詞在日常生活中幾乎毫無用處，但是如本書前言中提到，它們應該能給予我們更正確解讀目前世界的洞察力。為什麼概念會給予我們洞察力呢？那是因為它給了我們「掌握世界的全新入口」。

做一個總結吧。重點有兩個：第一，我們只能用自己依據的語言框架來掌握世界。第二，即使如此，如果想嘗試用更精密、精細的量筒計量，來掌握世界，就必須更努力的去了解語言的極限，組合更多語言（能指），精確的描繪出所指才對吧。

44 懸置
——暫時保留「客觀的事實」

埃德蒙德．胡塞爾（Edmund Gustav Albrecht Husserl, 1859-1938）

奧地利哲學家、數學家。最初是數學基礎論的研究學者，在取得數學方面的博士頭銜後，轉修哲學。受布倫塔諾（Franz Brentano）的影響，將關心的領域從哲學轉移至各門學問基礎的扎根上，提倡以「現象學」作為探究全新對象的手法。現象學成為二十世紀哲學的新流派，後來有了馬丁．海德格、尚．保羅．沙特、莫里斯．梅洛-龐蒂等後繼者，形成現象學運動，影響範圍不只在學問，也擴及政治和藝術。

近年的全球會議上經常聽到「VUCA」這個詞。它原本是美國陸軍為表現現在世界情勢而用的詞彙，但到了今日，在各種場合都能聽到它了。「VUCA」是「Volatility」（不安定）、「Uncertainty」（不確定）、「Complexity」（複雜）和「Ambiguity」（模糊）四個字的字首組成的縮寫。在這個世界裡，想要正確判斷事物，真的是難上加難。

想要明確清晰地掌握不單純、不確定的事物，十分困難。如同在蘇格拉底「無知之知」那一節中已經談過的，急就章的「自以為是」是大謬誤之源，這種時候保留判斷，不輕易以為理解的狀況，胡塞爾取名為懸置（epokhē）。epokhē在古希臘語中，有「停止、中止、中斷」的意思。

聽我這樣解釋，也許各位會以為懸置這個詞，單純就是指「保留判斷」吧……既然我這麼說，會這麼想也是不得不然。而且胡塞爾在自己的著作中也用了「停止判斷」這個詞。既然如此，直接用「保留判斷」就好了，何必要用懸置這麼古怪的字眼呢？當然，單純的「保留判斷」與「懸置」還是有些差異。為了了解它們的差異，我們用具體的譬喻來思考懸置吧。

比方說，眼前有一顆蘋果，我們會把蘋果的存在，視為客觀的事實，大概不太會有人認為眼前蘋果的存在是「主觀的感想」吧。但是，蘋果真的是「客觀的事實嗎」？說不定只是看到了幻覺，或者只是看到製作精巧的全像攝影。總之，我們一般認為「客觀」的認知，其實只不過是在自己的意識中如此認為。換句話說，只不過是「主觀的我的意識中，認為它是客觀的」而已。對於眼前存在的蘋果：

A：蘋果是存在的

因為這個客觀存在的原因

B：我看到了蘋果

於是停止在以這個主觀認知為結果的思想中

C：看見蘋果的我是存在的。

因為這個主觀認知的原因

D：認為蘋果存在於那裡

而有了這個主觀認知的結果。

這就是胡塞爾提倡的思考過程，叫做「還原」。將客觀的存在，「還原」為主觀的認知。

在這裡頭，懸置，就相當於前述「因為A的原因，有了B的結果」思想中的「暫時，停止」。說簡單點，懸置就是在「基於客觀的存在產生主觀的認知」的客體↓主體的邏輯結構，提出「這麼想真的正確嗎？」的疑問。也就是，的確是那麼想，但是暫時把它放進括弧中的意思。這樣各位就可以理解單純的保留判斷與懸置之間的不同吧？但是，這種思想相當困難，眼前有蘋果的時候，它的存在太過明顯了，也就是說它明明就是客觀的事實，卻要把它當成主觀的認知，這不是很無聊嗎？但是，別忘了就是因為很多「太過明顯、理所當然的事」，有些人卻認為「未必那麼理所當然」，所以世間才會產生很多「傻瓜圍牆」。

插句題外話，在思覺失調症的治療中，要讓體驗過幻覺或幻聽的病人了解，那些幻覺實際上並不存在是非常困難的事。即使是我們自己，如果有人告訴我，眼前那顆紅豔豔的蘋果，其實並不存在，那是個幻覺，只有你自己能看到，我們會有多困惑？一定無法輕易相信這種說法吧。只要這麼一想就能夠理解了。羅素．克洛主演的電影《美麗境界》中，就描寫天才數學家約翰．奈許罹患思覺失調症，即使醫生和家人再三的解釋，他都無法相信自己體驗到的是幻覺和幻聽的故事。

那麼，了解懸置這個概念，對生活在現代的我們有什麼意義呢？我認為這個概念，可以給我們許多啟示，其中我特別想舉出的是「理解他者的困難」。

這一點未必是胡塞爾的想法，但懸置這個詞，就是「你認為是客觀事實的事物，請暫時保留」的意思。這麼做有什麼好處呢？

有一點絕對不會錯，那就是，這麼做擴展了對話的空間。當與他者之間，無法相互理解時，自己看到的世界像與對方看見的世界像，很有可能有著巨大的齟齬，這種狀況下，如果雙方都強烈堅持自己的世界像，就沒有化解齟齬的可能性。現在的世界上，有很多人放棄對話的可能性，甚至試圖利用暴力破壞對話的機會或場面，這種情形不見休止。簡言之，他們是因為「對對話感到絕望」。為什麼對對話絕望呢？原因很多。其中之一，就是我們對個人抱持的世界像太過堅持的關係。再加上今日的社會各種事物環環相扣，時時都在變動。在這樣的社會中，如果認為自己所見的世界像是客觀的事實，不疑有他，這種想法是十分危險的，而且也會有倫理上的問題。

我們抱持的「客觀世界像」，原本就只是自己主觀的看法。因此，懸置的思考方式，既不堅持自己的世界像，也不捨棄，把它暫時「放在括弧中」當成中途的過渡處置，這種中庸的態度，不正是這個時代才應該追求的知性態度嗎？

45 可否證性

──「科學」並不等於「正確」

卡爾・波普爾（Sir Karl Raimund Poppe, 1902-1994）

生於奧地利的英國科學哲學家，曾任倫敦經濟學院教授。亦涉足社會哲學與政治哲學。提倡可否證性的重要性，認為它是純粹科學言論的必要條件。批判精神分析和馬克思主義，雖然未參加維也納學派，但是從其外圍以否證主義的觀點批判邏輯實證主義。此外，也於「開放的社會」中，積極抨擊極權主義。

科學是什麼？對這個問題，有多少種人就會出現多少種答案。但是，英國的科學哲學家卡爾・波普爾認為科學的條件是要有「可否證性」（falsifiability）。可否證性的意思，是「提出的命題或假說，經過實驗、觀察而有反證的可能性」。總之，只要把它想成是「之後有沒有翻轉餘地」的條件就行了。

這是個非常有趣的定義吧。因為，愈是科學性的學說，應該愈是要追求奠基於事實的邏輯縝密性，因為這牽涉到命題、假說的「牢不可破」的印象。但是，波普爾的主張是一種關於「脆弱性」的條件，與我們大多數人對科學理論、假說的印象不相同。但是，仔細思考之後可以知道，波普爾的主張給了我們一個啟示，那就是除了「什麼是科學」的論點，還有「什麼是非科學」的論點。

什麼是非科學呢？這個問題，如果對照波普爾的條件來回答，就是「不能反證的東西」。沒有餘地運用邏輯或事實反駁該命題或假說的狀況，就是「非科學」。

希望各位注意一點，波普爾雖然指出沒有可否證性的事物「非科學」，但也並不表示它「不正確」。波普爾在意的問題是，「假裝科學的偽科學」虛張聲勢地揭開「科學」的小寶盒，擊敗他人的風潮。如果它本來就並非「科學」，一開始就將它稱為藝術就行了，不需要稱為科學。本來屬於藝術領域的探討，卻剽竊了「科學」擁有的說服力自說自話，波普爾對這種狀況提出了警告。

我們找個實際的例子吧。這裡就引用愛因斯坦的「重力透鏡」為例。所謂重力透鏡是指光會受重力影響而彎曲的現象。愛因斯坦先提出了假說，日全蝕的時候，原本被太陽擋住而看不見的星星，因為太陽的重力導致光線彎曲，於是就能觀察得到。

經過實際觀察、驗證，之後證明了重力透鏡是「正確的命題」。但如果觀察的結果反證了假說，就會否定愛因斯坦提倡的命題。也就是說，愛因斯坦的「重力透鏡假說」具有「可否證性」。

另一方面，佛洛伊德主張「性欲是所有欲望的根源」的命題，或馬克思提出「所有的歷史都是階級鬥爭的歷史」命題，不論用什麼方法，都無法反證，所以波普爾視為「非科學」。

波普爾主張「可否證性」作為科學的必要條件，迫使我們改寫對「科學」的認知。也就是說，真正的意義上，「科學性」就是指「對外面開放反駁的可能性」，再者，科學理論就只能是「具有可否證性的假說集合體」。常有人在訴求時把「這經過科學驗證」當成口頭禪，一味鞏固主張的正當性，卻完全不願傾聽別人的反駁。如果讓波普爾來說，這種態度才是違背了科學之名，千萬不可受到這種人高喊的「科學言論」所迷惑。

46 拼裝

——雖然不知道有什麼用處，但是感覺應該有

克勞德・李維–史陀（Claude Lévi-Strauss, 1908-2009）

法國的文化人類學家、民族學家。不僅在他的專業領域人類學、神話學方面，聲譽卓著，普遍也都視他為結構主義之祖。他與人類學以外受他影響的研究學者，包含雅各・拉岡、米榭爾・傅柯、羅蘭・巴特、路易・阿爾都塞（Louis Pierre Althusser），在一九六〇年代到一九八〇年代間，都是現代思想中結構主義的中心人物。

經營學的教科書上經常會寫：「如果想實現創新，第一要先決定目標市場」。但是，實際上又是如何呢？許多創新，都在預期用途之外的領域開花結果。

例如，愛迪生在發明留聲機的時候，並不是先想像到今日音樂產業的商業規模，而是一些低素質的假想，像是作為速記記錄的代替品，或是遺書的代替品等等。他大概自己也覺得很差勁吧，所以很快就沉迷於更賺錢的創意——白熾燈泡，而把留聲

機的點子拋在一旁了。

又像是「飛機」，可以說也是在與當初預期用途完全不同的領域蓬勃發展。如各位所知，第一個利用航空原理，成功完成動力飛行的是威爾伯與奧維爾的萊特兄弟。那麼，各位知道他們發明飛機的原始目的是什麼呢？為了終結戰爭。萊特兄弟設想，如果能讓遵行民主主義的政府使用自己製造的小型飛機，就能從遠處監視敵軍的動態，讓突襲行動或激烈戰鬥都無功而返。但是實際上，如各位所知，結果卻是剛好相反。

這些例子都暗示著，「除非讓用途市場更明確，否則引發不了創新」的說法，雖然並不能說完全錯，但卻是不正確的假設。許多的創新只不過「結果成了創新」，和當初預期的相同帶給社會衝擊的案例，毋寧說是少數。

但是，另一方面，不明確用途市場，野放式的進行開發投資，也不可能得到成果。對經營發展史有點認識的人，大概都聽過全錄公司帕羅奧圖研究中心的例子吧。「未鎖定用途市場，一味在研究者的白日夢上投入大把鈔票，最後雖然誕生出許多非凡的創意，卻幾乎沒有賺到錢」，宛如一場噩夢。帕羅奧圖研究中心先驅性地開發出滑鼠、GUI（圖形使用者介面）、物件導向程式設計等，這些在現在電腦中已是常識的各種設備或創意，但儘管如此，卻一件也沒有商業化，最後，這些發明帶來的果實都被蘋果等其他公司搶走，還被那些公司逼到走投無路，陷入被人「左右開攻」的悲慘境地。

在這裡，我們發現了一個非常大的矛盾。如果過度明確用途市場，很可能創新會因此無法萌芽。但是用途市場若是持續不明確，開發變得漫無目標，商業化也遙遙無期。

所以，此時的重點是灰色地帶的直覺，即「雖然不知道有什麼用處，但是總覺得會有」。

這個論點與李維－史陀所說的「拼裝」（bricoleur）意思差不多。李維－史陀研究南美洲馬托．格羅索（Mato Grosso）的原住民，他在《憂鬱的熱帶》（*Tristes Tropiques*）一書中提到，這些原住民走在叢林中，一旦發現了什麼時，雖然當時不知道有沒有用，但他們習慣會把它收在袋子裡，因為「也許這東西某一天會用得上」。而且，事實上，他們撿來的「不明東西」，後來的確解救過部落的危機，因此他說，預測「以後說不定會有用」的能力，對部落的存續帶來非常重大的影響。

人類學家，也被視為結構主義哲學始祖的克勞德．李維－史陀將這種不可思議的能力——非刻意迎合式的收集現成的不明物品，緊急時能派上用場的能力——命名為拼裝，與現代的預定和諧，進行對比式的思考。與萊布尼茲所代表的現代預定和諧思想（就是明確用途市場之後再開發的思考流派）相對比之後，李維－史陀從拼裝中領悟到的思想更扎實穩健，一般典型認為創新屬於現代思想的產物，但事實上，在創新中，拼裝的思想也更為有效。

這種「雖不知有什麼用處，但是製造之後產生了莫大價值」的發明，除了前述的留聲機、飛機之外，不勝枚舉。例如，美國的阿波羅計畫就是其中一個例子。阿波羅計畫用一句話來說，就是「上月球」，只是這麼單純而已。稍微退一步想，你也可以說，去月球到底有什麼用，完全搞不懂。但是至少就我所知，可以確定的一點是，它在現代社會的醫學領域帶來了巨大的貢獻。

ＩＣＵ（加護病房，Intensive Care Unit）如果沒有阿波羅計畫就無法實現，至少會大幅延後實現。ＩＣＵ是一種醫療遠距通知系統，可以在病人身體發生變化，有可能影響生命時，立即通知醫師和護理師。由於阿波羅是長期的太空飛行計畫，為了在太空人一旦發生任何重大變化時，能夠即時應對，因而有必要透過監視器遠距離監測他們的生命和身體狀況，因此才發展出這樣的技術。我記得電影《阿波羅十三號》中，就有一幕監測身體內部與外部環境，一發生重大變化立刻反應的情節，從此也可知道ＩＣＵ具備的系統，就是照著這個規格實現的。

很多人並不知道，即使阿波羅計畫這種看起來大而無用的工程，也誕生出許多人類不可欠缺的技術。但是，這也算是典型的拼裝。我們不知道主持這項計畫的甘迺迪總統，對這項宇宙計畫會衍生出對人類極為有用的智慧，是否原本就胸有成竹。但是，如果相關的參與者中，真的有人抱著「模糊的預感」知道藉由這項計畫的完成，將會帶來某種重大智慧，就讓人不得不認為，那就是馬托．格羅索原住民天生具備的野性智慧。

相反地，現在在跨國企業中，很多創意只要無法回答經營層提出的問題：「它有什麼用處？」就無法獲得資金的提供。但是，我們絕對不能忘記，如果按照前述的案例，改變世界的重大創新，多數都是在「總覺得這東西一定不得了」的直覺引導下實現的。

47 典範轉移

——世界不會「驟然」翻轉

湯瑪斯・孔恩（Thomas Samuel Kuhn, 1922-1996）

美國的哲學家、科學家。主攻科學史與科學哲學。一九六二年發表最著名的作品《科學革命的結構》中，提出科學的進步不是透過線性累積，而是來自週期性的革命變化，也就是典範轉移。

可能因為典範這個詞太好用，如同孔恩所擔心的，這個詞如今超越了科學領域，而被運用在各個層面。那麼，孔恩最初把典範這個詞，當作什麼樣的概念呢？孔恩說：「典範是指在某一段時期、一般公認的科學活動中，專家必須遵循的提問和解答模式。」而典範轉移（paradigm shift），是「一段時期已有模式的科學活動」改變為新思維的意思。也就是說，各位必須有個印象，這個詞最早只限於「科學領域」

使用。但如各位所知，典範轉移這個詞，現在早已超越了科學領域，運用在社會現象、科技等廣泛的領域，概念本身也從孔恩當初設定的範圍要擴大許多。這種現象，令部分科學史家皺眉，認為它的定義和當初孔恩的想法不同。不過個人認為，「語言」也會隨著時間而進化，或是自然淘汰，其實不用這麼橫眉豎眼的。典範轉移現在之所以會用於這麼廣泛的領域，是因為這個用語最能適切解釋其他詞彙所無法說明的現象。就像我們把「大丈夫」這個原本意指「男子漢」的詞，當作「沒問題」的意思來使用一樣。所以，這裡我們不再深入典範轉移的概念本身，倒是孔恩從典範轉移上發現了幾個頗令人深思的點，在此想分享一下。

第一點是，不論什麼樣的典範轉移都有出色的說服力，對於該時代中提出的難題，幾乎都能回答……儘管如此，這典範卻有可能根本上就是錯的。例如，我們現代人知道地心說「根本是錯誤的想法」。但是，數百年間，幾乎所有的人都接受地心說，一直把它當作宇宙論優秀的模型。但是，隨著觀測技術的進步，不久後，不合常規的事例愈來愈明顯，已經到了人們難以忽視地心說無法解釋的事實。因此發生了典範轉移到日心說的現象。

我這麼寫，也許有人會以為，典範轉移的發生也是經過黑格爾辯證法的過程。這就是孔恩提出令人深思的第二點。孔恩認為，典範轉移並不是經過那種過程產生的。孔恩指出，不同的典範之間有著太深的鴻溝，甚至連對話都做不到。兩者之間，別說是如何處理問題的方法論，幾乎連表現問題的用語都不一致。總之，不同的典範之間，沒有判斷孰優孰劣的共同標準。孔恩用「不可通約性」來表現。

這也就是說，典範轉移的發生要經過非常長久的時間。因為不同的典範之間，一旦兩方的支持者沒有交流或交通，則除非信奉某一方典範的人在這世上全都死光了，否則不可能發生某個典範轉換成另一個典範的現象。孔恩引用物理學家馬克斯・普朗克的話解釋。

> 新的科學真理並不是說服反對者，讓他們看見新的光就能奏起凱歌。反倒是得等到反對者死光，新世代長大，他們自然而然接受的時候，才是勝利的時刻。

的確，哥白尼的日心說，直到他死後一個世紀以後，才為世人接受。牛頓的萬有引力說，也是在發表之後經歷半世紀以上的時間，才終於得到認可。今日我們學習歷史上劃時代的發現和發明時，常常會以為這些發現或發明，驟然翻轉了整個世界，其實那是錯的。埃弗雷特・羅吉斯（Everett M. Rogers）曾就「創新的擴散」說過同樣的道理，像活版印刷術、壞血病及感染症的預防等劃時代的發明，都經歷了數百年時間才能普及。今日不時有人說，各種各樣的領域中，短短不到幾年之間，就有典範完全轉移的現象。照孔恩的說法，那種不叫典範，只能算是單純的「意見」或「方法」而已。

反過來說，假設我們現在正處在以百年為單位發生的典範轉移當中，那麼會是什麼樣的典範，轉移到什麼樣的另一種典範呢？我們似乎必須拉大時間軸，好好地思考才對。

48 解構
——你被「二元對立」綁住了嗎？

雅克·德希達（Jacques Derrida, 1930-2004）

法國哲學家。出身法屬阿爾及利亞的猶太裔法國人。一般將他定位為後結構主義哲學家的代表。提倡解構、播種、延異等概念。他不只對哲學，也對文學、建築、戲劇等多方面都造成影響。

解構，簡單的說就是打破二元對立的結構。德希達認為，西洋哲學建立在「善與惡」、「主觀與客觀」、「上帝與魔鬼」等「優與劣」的框架前提中。而解構，則是揭開該「優與劣」框架本身的矛盾性，試圖脫離過去的框架，「建構」新的框架。

例如，只要用近年十分流行的「多樣性」為題材來思考就很容易懂了。主張「多樣性很重要」的人，自然會批評單一性或極權主義。也就是說，在他們的思想中，有「多樣性與單一性」、「多樣性與極權主義」二元對立，並且認為後者比前者低劣。好，那麼如果要把這個命題解構，該怎麼做呢？

沒錯，那就是批判「多樣性很重要，接受多樣性吧」的主張本身，根本就是單一而極權主義。如果多樣性很重要，就應該要認同四面八方的想法。那麼也就應該可以認同「單一性或極權主義很棒」的主張。但是如果認同了它，則多樣性就變得未必重要了，與原本的命題相矛盾。

事實上，這個手法算得上是辯論、批評的王道。評論之神小林秀雄，舌戰周圍的論戰對手時經常會用此方法。他不是舉起反證事實來反駁對方，而是利用對方主張的內部矛盾來攻擊，用武術來說，這種批判手法相當於「借力打力」的合氣道功夫。

我們再稍微擴大解釋，看看怎麼樣能把解構當成好用的工具。例如，假設有A命題與B命題，某人主張A是對的。如果想擊敗他，很多人都會跟著這個人討論的框架，丟出「我不贊成A，B才是對的」的反命題。但是，最有力的反駁說法是「根本上，A或B的問題設定本身就有問題」，從根源破壞對方提出的討論框架，或問題的前提。

前面已經說過人類學家克勞德・李維－史陀抨擊沙特，說他扼殺了哲學家。沒錯，讀到這裡，也許有人注意到了，李維－史陀反擊沙特的手法，也可以歸納為解構的一種。面對沙特標榜的「是新還是舊」二元對立，李維－史陀則攻擊他該二元對立的內涵——「西洋屬於進化的一方，邊境是落後未開化」的框架本身，是要不得的。

沙特向馬克思主義傾斜，馬克思主義屬於辯證法的歷史觀，它的思想是歷史有其定律，如果我們理解它的定律，就能夠主動地讓歷史往正確的方向移動。李維－史陀在《野性的思維》（*La Pensee Sauvage*）這本書中，用「從來沒跨出巴黎的人用高高在上的眼光說的話」，批評這種「歷史會發展」的想法。可能沙特本人也感受到這句批評一語中的吧，他氣急敗壞的大吼大叫，一再苦澀地反駁這段批評是「布爾喬亞的蠢話！」可是旁觀這場論戰的人看來，沙特明確地已落下風。這場論戰之後，沙特主導的存在主義，急遽失去了影響力。

歷史會發展，意味著整個社會、文明，在「發展」的尺度上，分為「進步的社會、文明」與「落後的社會、文明」。這個說法只不過是將歐洲的價值觀一味地強加於人，加以比較而已。這便是李維－史陀批判的精髓。再重複一次，解構的基本思維是「打破二元對立的結構」。沙特提出的二元對立，是「發展與未開化」二元對立。人民主體的參與社會，沙特稱之為介入（engagement），主張人民的介入可以讓歷史往更好的方向發展。對沙特提出「發展與未開化」二元對立的結構，李維－史陀認為它的框架本身只是表露出歐洲的傲慢，他的批判擊垮了沙特的論點，所以可以說，李維－史陀採用的是解構的技巧。

二元對立的框架非常方便，所以在整理企業經營或現實社會問題時，經常用到它。常見的有「強和弱」、「機會與威脅」、「設計和成本」等。但是，設定了這些框架，反而限制了思考的廣度。在這種時候，不妨可以想想「解構」，將二元對立的框架脫胎換骨一番吧。

49 預測未來

——預測未來的最好方法就是「創造」未來

艾倫・凱伊（Alan curtis Kay, 1940-）

美國計算機科學家、教育家、爵士演奏家。被譽為個人電腦之父。在物件導向編程和使用者介面設計開發上，留下偉大的成就。他最有名的一句話是：「預測未來的最好方法就是創造未來」。

首先，請看上圖。

大概絕大多數的人都會想：「啊，那是 iPad 吧，所以呢？」

那麼，請再看三三三頁的圖。

怎麼樣？應該很多人想「咦，好像不太一樣。這是什麼東西？」

讓我揭開謎底吧。這兩張畫出現在計算機科學家艾倫・凱伊於一九七二年撰寫的論文〈A Personal Computer for Children of All Ages〉中，用以解說Dynabook的概念。沒錯，這是半世紀之前的圖片。

看到謎底，如果認為「太厲害了，他預測到四十多年以後的未來。」那這個解釋就完全錯誤了。

這句話是艾倫．凱伊自己說的。他畫這兩張圖，並不是在預測未來，他只是想到「如果有這種東西真好」，便把這個概念畫成畫，然後不屈不撓地行動，直到它實際誕生出來。這裡看到的是「預測」與「實現」的翻轉。

待在顧問事務所，經常會遇到客戶來請教有關「預測未來」的問題。未來會變得怎麼樣？面對未來，我們應該怎麼準備。當然我們會收取費用，寫成完整的報告，但是我個人覺得毫無意義。

現在這個世界不是偶然間自動形成的，而是不斷累積各地某人做出的決策，繪製出今日世界的景象。

同樣地，未來世界的景象，也是憑藉從現在這一秒到未來之間人們的行為而決定的。所以，真正必須考慮的不是「未來會怎麼樣？」，而是「想把未來怎麼樣」。

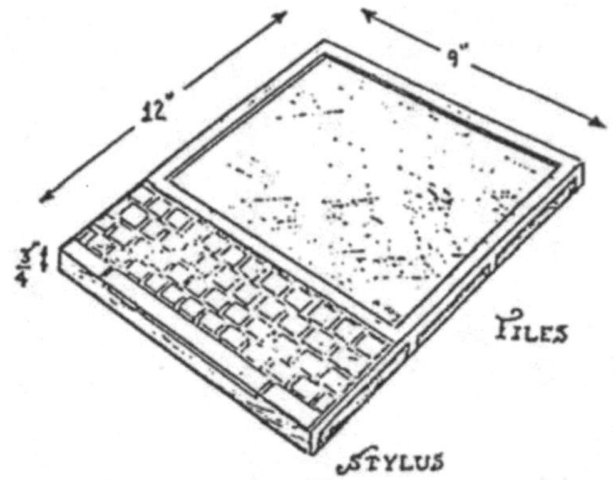

以研究安卓而聞名的大阪大學石黑浩教授，與艾倫・凱伊會面時問他：「機器人的未來有前景嗎？」據說遭到艾倫・凱伊的斥責，後者反問：「你是個研究機器人的人，站在這個立場的人，怎麼可以問外人這種問題？應該問你自己，希望讓機器人對人類有什麼價值才對吧。」石黑後來憶述：「真有當頭棒喝的感覺。」

與其預測未來，不如應該把它描繪成願景，這種思想還可以從別的角度加以補強。因為，「預測會失準」。

例如，近年來，日本總是充滿危機感，在討論少子化造成人口減少的預測。但是各位可知道，其他國家過去對少子化造成人口減少的預測，幾乎都落空了嗎？

以英國為例，二十世紀初期，有段期間出生率大幅降低，政府與研究機關設定各種前提，進行人口預測。他們設想出十七種預測人口的模式，但是現在回頭檢視，其中有十四種預測人口減少的模式全部落空，剩下三種預測人口增加的模式，其增加率也比實際狀況少很多。從結果而言，人口增加的數量，比政府或智庫整理的十七種人口預測都高出非常多。這就是二十世紀初期英國的狀況。

而美國的出生率也從一九二〇年代開始下滑，人口持續減少到一九三〇年代。針對這種現象，一九三五年發表了一份人口預測，判斷美國人口在一九六五年時會減少三分之二。但結果卻大相逕庭。第二次世界大戰開打之後，結婚率急速升高，隨之而來的是出生率也大幅上升。所以一九六五年不僅人口沒有減少，反而迎接了嬰兒潮的到來。

即使連擁有完整扎實的人口動態統計數據，比較容易預測未來的領域，都這麼失準了，其他領域那就更不用說了，最典型的例子就是顧問諮詢公司或智庫進行的「未來預測」。

一九八二年，當時全美最大的電話公司ＡＴ＆Ｔ委託麥肯錫顧問公司「預測二〇〇〇年行動電話的市場規模」。麥肯錫對這件委託案，最後提出的回答是「九十萬支」。結果，實際的數字是多少呢？市場規模輕鬆突破一億支，已到達每三天能賣出一百萬支行動電話的狀況。當時AT&T的執行長布朗，根據這個悲慘的建議，做出了致命的經營決斷，他賣掉了行動電話事業，造成後來AT&T沒有趕上行動通訊的潮流，陷入經營困境，最後被自己當初賣出的集團企業SBC收購，諷刺地走向滅絕一途。

想必AT&T當初一定花費龐大的調查費用，使用超一流的調查員進行了預測，但是，最後卻是以「破格的規模」大失準。顧問公司有保密義務，所以這種悲慘結果公諸於世的事例並不算多。但是以我在本業界多年的經驗來看，的確讓人有這種悲劇「發生頻繁」的印象。並不是顧問公司的能力或預測模式有問題，而是專家預測本身「失準根本是稀鬆平常」的事。

如果仔細想想，不免覺得我們會不會太過依賴「預測」這種東西了呢？

最後，奉上艾倫．凱伊的名言：

"The best way to predict the future is to invent it."（預測未來的最好方法就是創造未來。）

50 軀體標記
——不只是人腦，身體也會思考

安東尼歐．達馬吉歐（Antonio Damasio, 1944-）

生於葡萄牙的美國神經科學家。二〇一八年，目前在南加州大學擔任神經科學、心理學、哲學教授。依據多件臨床案例，研究情緒對決策的影響。他倡說「軀體標記」，認為流汗、激烈心跳等生理反應，對決策的品質會造成極大的影響。

探討「心理」與「身體」是哲學的基本問題之一。例如，柏拉圖將這個問題分成「靈與肉」兩個項目來探討。時代更迭，笛卡兒將這個問題相關的探索，整理為「心物二元論」，提出將兩者分別獨立，個別探索的想法。另一方面，像斯賓諾莎則歸納為「心物平行論」，兩者一體無法分離，以此批判笛卡兒。這個問題一直沒有一個定論。現在，這個問題已經超越了哲學的領域，例如像人工智能的軀體問題，也可算入廣義的「身心問題」。

我們一般對「心靈」與「身體」的印象，常會把「心靈」想成「司令塔」，「身體」想成接受司令，執行命令的機構。但是，從幾個研究，我們漸漸得知這個「心靈」為主人，「身體」從屬的關係，並沒有那麼單純，這一節我們就來介紹其中一個研究，安東尼歐·達馬吉歐提倡的「軀體標記假說」（somatic marker hypothesis）。

神經科學家安東尼歐·達馬吉歐觀察多名病人，發現他們雖然大腦的數理、語言等「邏輯、理性」功能完全沒有損傷，但是社會性決策能力卻有毀滅性的欠缺。因而提出「軀體標記假說」，即適時適當的決策，需要理性也需要情感的假說。據他自己後來回憶，發現的緣由是這樣的。

有位病人經介紹來看神經科學者安東尼歐·達馬吉歐的門診。這位三十歲左右的男子叫做艾略特，接受腦腫瘤的手術後，儘管並沒有損失「邏輯、理性」的推論能力，但現實生活中的決策能力，卻產生極大的困難，漸漸失能。

達瑪西歐對艾略特進行各種神經心理學的測驗，特別是檢查大腦額葉的功能。但是，包含智能指數等的結果全部正常，甚至非常優秀，完全顯現不出現實生活決策的困難。

達馬吉歐感到遲疑、困惑。

> 從這些檢查證實，艾略特雖然具備正常的智力，但是無法做出適當的決定。尤其是關於個人或社會問題時，他都無法做決定。是因為個人、社會領域的推論或意向決定的方法，與物體、空間、數量、語言相關領域的推論、思考方法不一樣嗎？還是它們依賴的神經系統或流程不一樣呢？
>
> 安東尼歐・達馬吉歐《笛卡兒的錯誤：情緒、理性與人腦》
>
> （*Decartes' Error: Emotion, Reason and the Human Brain*）

達馬吉歐一直找不出解決方法，於是暫時擱置這個問題，但是不久後，他從艾略特顯現的「某種傾向」，推測它或許可能是解決問題的關鍵。而「那個傾向」是極端的感性與情緒的減退。

達馬吉歐發現艾略特看到悲慘事故或災難的照片時，不會顯現情感反應。對於生病前喜愛的音樂或繪畫，在手術後也不曾湧出任何情感。因而提出一個假說，社會性的意向決定能力與情緒之間，有著過去沒有注意到的重大關係。

後來，為了驗證這個假說，達馬吉歐又針對十二名與艾略特同樣前額葉皮質受損的病人進行研究。因而確定所有的病例，都同樣發生「極端情緒減退與意向決定障礙」。依據這個發現，再進一步研究之後，達馬吉歐提出了「軀體標記假說」的主張。有關這段的記述雖然有點長，不過，在探討決策「邏輯與直覺」或「藝術與科學」的問題時，是非常重要的立足點，因此，這裡摘錄其中一小段：

你在對前提應用成本效益分析等方法之前，以及開始為解決問題而推論之前，會發生一件極為重要的事。舉例來說，因為與某特定反應選項的關聯，當腦中浮現出不好的結果時，你就會感受到某種不愉快的「直覺情感」，儘管它可能很微弱。這種情感與身體有關，所以我把這個現象，以專業用語〈somatic〉（soma是希臘語中「身體」的意思）來命名。而這種情感標記著一個印象，所以我稱呼它〈marker〉。

安東尼歐・達馬吉歐《笛卡兒的錯誤：情緒、理性與人腦》

根據軀體標記假說，接觸訊息而引起的情感或身體反應（冒汗、心臟怦怦跳、口渴等），都會影響腦部前額葉皮質內側，幫助腦部對眼前訊息做出「好」或「壞」的判斷，提高決策的效率。如果依據這個假說，那麼過去人說「決策應該盡可能排除感情，保持理性」的常識就是錯的。在進行決策時，應該更積極的帶入感情才對。

軀體標記假說也有很多反駁，直到目前還沒有脫離假說的範圍。但是，達馬吉歐在他的著作《笛卡兒的錯誤》記載的多位可憐的病例，讓我們知道社會性判斷或決策是多麼複雜的機制，這也在提示我們，當我們下判斷時，是在對許多因素進行直覺的考察，那些因素遠比我們自己認知的還多。

今日社會愈趨複雜，已經陷入邏輯性的決策會有困難的境地。在這樣的社會中，如果想要堅持無意義的理智或邏輯，反而有可能在判斷上犯下大錯。正因為是這種時代，達馬吉歐提出的軀體標記假說，才有其傾聽的價值。

商務人士哲學書導引

這裡挑選的全是初學者也能輕鬆閱讀，可以更深入了解五十個關鍵概念的參考書。

亞里斯多德《修辭學》

書名雖是《修辭學》，但是內容分歧，包含了像「嫉妒」、「競爭心」會在什麼狀況下發生等，搞不清楚與「修辭」有什麼關係的內容。想讀完全書可能有點艱澀，不過選讀其中一部分倒是十分有趣，不妨準備一冊放在手邊，隨時翻看。

柏拉圖《費德羅篇》

前半圍繞著同性戀的主題，沒有共鳴的人可以跳過。從一半開始批判蘇格拉底的辯論。蘇格拉底大師沒有留下著作，以一味的對話貫徹「哲學人生」。讀了這本書你就能知道其原因何在。

小室直樹《給日本人看的宗教原論》

「基督教、伊斯蘭教、佛教，這三教中哪一個有地獄？答案只有伊斯蘭教。」從日本人熟悉的論點，用淺白的文字解說主要宗教的特徵。很適合給想掌握各宗教的精神的讀者。

馬克斯・韋伯《新教倫理與資本主義精神》

如雷貫耳的馬克斯・韋伯《新教倫理》。韋伯將「宗教」與「經濟」兩個看似沒什麼相干主題連結起來，建立起全貌，大概很少有書能夠像它這樣，讓人體會到「推理的驚悚感」。也許很多人說「我早就讀過了」，不過過了幾年重讀，感想也會改變，不妨重拾再讀。

富田恭彥《洛克入門講義》

如果想了解洛克對於「白板」的探討，讀他的《人類理解論》才是正道。但是不巧的是，這本書絕版已久，而且翻譯生澀難讀，老實說很不推薦。因此，想要了解其中精華的人，建議讀這本書。它以平易近人的文字解說洛克的思想，非常好讀。

尼采《道德譜系學》

尼采在這本書中暢言「道德是從無名怨憤產生出來」等駭人聽聞的理論。主要是因為這本書的前一冊《善惡的彼岸》中用了很多格言，尼采擔心內容易遭誤解，所以這本書整理成論文的形式出版，作為補充。在尼采著作中算是比較好讀的作品。

竹田青嗣《尼采入門》

竹田老師所有的著作都值得推薦。這一本也非常好讀。尼采本身的著作完全沒有系統性，所以建議先讀這本書，了解了尼采思想的全貌之後，再選其他的書讀。

永井均《這就是尼采》

如果說，竹田老師的書，是站在中立的位置「解說尼采」，永井老師的書就像是站在尼采的屋簷下吶喊。一開卷處寫道「尼采從功利上的意義完全派不上用場，正因為如此這位哲學家才是無與倫比的偉大」，很適合作為尼采「處理方法」相關的範本。

埃里希．弗洛姆《逃避自由》

在「自由」二字日益沉重的「現代社會」，我再次覺得它是一本必讀的書。

亞當．哈特－戴維斯《巴夫洛夫的狗：50個改變歷史的心理學實驗》

一連串的「怪異實驗」是心理學歷史中的花絮小故事，其中又以史金納箱為首。而本書也正是以這些「怪異實驗」為焦點，來介紹心理學的學說。只要了解實驗的內容，就能明白想要驗證的假說是什麼。而且實驗的結果也直接成為學說的證明，比起讀冷硬的心理學課本要容易得多。

凱瑟琳．柯林等《心理學大圖鑑》

除了史金納之外，網羅性的介紹心理學主要的學說與實驗方法。一本快速有效掌握全貌的書，內容載入大量圖解與照片，可以當作百科事典輕鬆閱讀。

海老坂武《NHK100分de名著 2015年11月號 沙特「存在主義是什麼？」》

提到沙特，大家印象中多是被李維-史陀的結構主義抨擊，最後被趕下哲學主角寶座的人。哲學史上一般也是這麼歸類。不過，作者海老坂先生反駁「沙特的言論還沒有過時」。我認為他說得很對。今天日本衣食豐足，唯有生命的「意義」成了僅有稀少的東西，沙特的訊息在我們思考「如何創造生命意義」的問題時，還是能給我們很大的勇氣。

漢娜．鄂蘭《平凡的邪惡：艾希曼耶路撒冷大審紀實》

艾希曼審判的旁聽記錄，和鄂蘭其他的書一樣，內容多是雜亂的探討，主題東跳西跳，既不是A也不是B，實在不好讀。可是，如果用瀏覽的方式只看大處，又會在意想不到的地方，出現當頭棒喝的文章，所以完全不能輕忽，隨便翻翻的方式是行不通的。我的建議是，每天以搭捷運中讀五頁的方式，抱著平常心地讀下去。這種讀書方法就如礦沙淘金，扎實不躁進，不過希望各位相信，它有這個價值。

A. H. 馬斯洛《動機與人格》

從這本代表作中，可以讀到馬斯洛的許多主張，當然也包括需求層次理論。其中也用了相當的篇幅，解說本書介紹的「完成自我實現者的特徵」。雖然是一本大部頭的書，但是與其他哲學書比起來，它寫得相當淺白易懂，對馬斯洛有興趣的人，務必讀讀看。

小坂井敏晶《社會心理學講義》

細心解說社會心理學中重要的概念，如認知失調等。個人認為是該領域中，「最佳」初學者用書。在我撰寫本書時，它給了我很多啟示。藉此表達我的謝意。

斯坦利．米爾格倫《服從的心理》

這是米爾格倫設計實驗，並且實施之後所寫的實驗結果報告。實驗過程的的寫法，可能有人會覺得太過冗長，不過米爾格倫在重點處的筆記都很有分量。像是「正是忠誠、守法、自我犧牲等受到廣大讚揚的個人價值，製造出戰爭這種制度上具破壞性的引擎，用具有權威惡意的系統將人民綁住，實在太諷刺了」等。實驗過程本身也許還好，但請務必看看米爾格倫對實驗結果的探討。

契克森米哈伊《發現心流：日常生活中的最優體驗》

契克森米哈伊有關「心流」的書，最有名的一本是《心流體驗　喜悅的現象學》，不過內容太過冗長，析理入微，讀起來很辛苦。這本比較適合一般大眾，好讀很多。

藤澤令夫《柏拉圖的哲學》

該節提到時相當不以為然的理型想法，究竟是怎麼產生的？這本書解說了其背景等緣由，適合想快速掌握柏拉圖全貌的讀者。

柏拉圖《饗宴篇》

柏拉圖的著作，不論哪一冊都寫得相當平易近人，所以不用太嚴肅的讀它，一般都能有所領悟。話雖如此，建議先看這本，不要一下子就讀《理想國》、《泰阿泰德篇》。雖然不是他主要主張，但是可以從書中看到古希臘人悠閒，熱中酒與男同性戀的生活。

培根《新工具》

本書介紹的「四種偶像」（應該）是在這本書裡第一次出現。連培根為什麼想出這四種謬論的過程，書中都有平易的說明。全篇使用格言，不是縝密理論堆砌的書，所以，很適合有空檔時間的日子，放在書包裡，隨時翻開來看兩頁，也能充分享受樂趣。

笛卡兒《方法論》

笛卡兒自己陳述思索出「我思，故我在」的緣由。雖然它是哲學史上最膾炙人口的句子，但是書本身極為袖珍，內容也很平易近人。

竹田青嗣《竹田教授的哲學講義21講》

竹田老師的優點，在於與哲學家保持適當的「距離感」。我不便在此指名道姓，有些哲學研究者寫哲學家的解說書，由於偏見太強，拚命說它哪裡好，結果比較像是「廣告宣傳書」，而不太像解說書了。也有不少本變成了「血淚辛酸史」，泣訴自己辛苦的歷程。但這本書除了笛卡兒之外，也介紹康德和尼采等主要的「明星」。不論對哪一位哲學家，都漂亮地歸納為「這一點很厲害，那只是單純的詭辯」，非常容易接受。

田坂廣志《用得上的辯證法》

專門就本書解說的「辯證法當作預測未來的技巧」為主題所寫的書。黑格爾的辯證法概念涵括極大的範圍，如果要了解它的全貌，它有點不上不下的，但如果想從功利面「了解辯證法如何作為預測未來的手法」，不妨看看這本書。

內田樹《躺著也能學會的結構主義》

如同書名所示，躺在沙發上也能讀的一本書，從結構主義的成立過程，到主義主張的內容主旨，都能從中了解。其中也描述了馬克思、佛洛伊德、索緒爾三人智慧成果，濃縮成結構主義的過程。相當驚悚而有趣。

橋爪大三郎《初探結構主義》

這本也是非常好懂的結構主義解說書。與前面內田樹教授的著作一起讀，可以更深入了解結構主義。

谷徹《這就是現象學》

這本可能是解說「現象學」當中，最成熟的一本。對於現象學中使用的名詞，它都一一附上仔細的解釋，有興趣的人建議先讀這一本。

李維-史陀《憂鬱的熱帶》

開篇第一句從「我討厭旅行」開始，內容卻是徹頭徹尾的「旅遊散文」。幾乎完全沒有任何哲學性推論的堆積，相對地，可以跟隨著李維-史陀遠離歐洲，感受他看到什麼、如何思考，獲得鮮活的讀書體驗。若能回想他與人在聖傑爾曼德佩專注思索的沙特對決，突顯兩人思考態度的對立，倒也十分有趣。

湯瑪斯．孔恩《科學革命的結構》

關於典範一詞的書出版了很多，但我認為沒有一本解說書贏過這一本。內容極為平易，沒有出現難解的科學用詞或哲學用詞，對典範概念有興趣，務必直接看看湯瑪斯．孔恩自己寫的這本書。

安東尼歐．達馬吉歐《笛卡兒的錯誤》

如果想了解軀體標記，不管怎麼說，直接閱讀達馬吉歐這本著作，才是上上之選。書名「笛卡兒的錯誤」來自達馬吉歐的主張，即笛卡兒倡說的心物二元論——「心靈」與「身體」各不相干的假說是錯誤的。書中描寫從臨床到提出軀體標記假說的過程，宛如讀推理小說般刺激驚險，建議您一定要讀讀看。

馬克思、恩格爾《共產黨宣言》

由於蘇聯領導的共產主義諸國幾乎都已垮台，想要從這本書的內容，挑剔理論的謬誤，再多也挑得出來。但是，我還是認為至少要把它看過一遍較好。就和只因為「聖經裡寫的盡是一些荒誕無稽之談」的理由就不去讀它一樣愚蠢。

東浩紀《公共意志２．０》

盧梭本身並沒有留下明確解說公共意志的文本，讀過本書，而對公共意志有興趣，建議你可以直接去找東浩紀教授這本著作。它把過去哲學家論述套用在現在或「自己」身上來思考，我還沒有看過比這本書更好懂的例子。與其囉嗦地為過去哲學家論述作正確注解，不如汲取精華，想想看如何將它套用在「自己的思想」中。他的這種知性態度也值得一學。

堂目卓生《亞當．斯密》

提到亞當．斯密，大家都會把他想成「市場基本主義的教祖」但是讀了這本書，便能充分理解，完全是自己想錯了。說到亞當．斯密的力作，那當然是《國富論》，但是他本人反而比較重視《道德情操論》。我們知道《國富論》是探討經濟學的書，那麼《道德情操論》呢。它算是倫理學的書。讀了這本書，對亞當．斯密把「經濟」和「倫理」作為追求主題的思想全貌，可以有所掌握。

麥特．瑞德利《無所不在的演化》

不只是生物，文化、社會系統也是經由「自然淘汰」的機制而演化的。這本書就是在驗證這個理論。想要理解突變或自然淘汰機制，如何運作進行廣域的「選擇」，很適合看這本書。

涂爾幹《自殺論》

如果想看看涂爾幹本身對於脱序的文本，就只有這本《自殺論》和《社會分工論》。兩冊都是超過五百頁的大部頭書，要有相當的心理準備。如果從哪本比較接近自己的觀點來説，這本比較容易讀。

馬瑟．牟斯《禮物》

這本書是牟斯人類學的報告。尤其是第一、二章中，描述玻里尼西亞、美拉尼西亞、美洲西北部各部落民族具體的禮物交換形式，即使蜻蜓點水式的閱讀也很有趣。牟斯最厲害的一點是，他在最終章裡，構思出從禮物交換體系得到啟發的「可能社會」。現在很多雜音都在説資本主義經濟已經發展到各種極限，正是這樣的時代，這本書的價值才更見珍貴。

愛莉絲．史瓦茲《拒絕做第二性的女人——西蒙．波娃訪問錄》

提到西蒙．波娃的女性主義論，大家一定會先想到《第二性》。但它是全篇達一千多頁的大部頭書，如果沒有強烈的問題意識，很難讀完。相對地，這本書是以訪談的方式，記錄波娃自述

《第二性》這本書和與沙特之間的關係。如果想了解波娃主張的要點或者她這個人，不妨選擇這本書。

尚・布希亞《消費社會》

人究竟為什麼要消費超出需求的東西？這便是布希亞訂立的「題目」。而答案是為了得到表現與他人差異的符號。這本書的主張，就是在倡說，與他者的差異——讓周圍的人知道「我與你們不同」就是消費的主要目的。從事行銷工作，尤其是與耐久財、奢侈品相關工作的人，務必一讀。

納西姆・尼可拉斯・塔雷伯《反脆弱》

運用了許多事例來研究本書介紹的「反脆弱」概念。二十世紀後期，各個領域中，都在進行以「堅固」、「牢靠」為目標的架構。但是時至今日，我們才明白其中有很多其實非常「脆弱」。這本書在思考今後的組織或社會，甚至是個人的生活方式，都能給我們很大的啟示，建議各位務必讀讀看。

國家圖書館出版品預行編目 (CIP) 資料

哲學是職場上最有效的武器：50 個關鍵哲學概念，幫助你洞察情況、學習批判思考、主導議題，正確解讀世界 / 山口周著；陳嫻若譯．-- 初版．-- 臺北市：如果出版：大雁出版基地發行，2019.09
面； 公分
譯自：武器になる哲 人生を生き くための哲思想のキーコンセプト 50
ISBN 978-957-8567-34-4(平裝)

1. 企業管理 2. 哲學

494.01 108013422

哲學是職場上最有效的武器——50 個關鍵哲學概念，幫助你洞察情況、學習批判思考、主導議題，正確解讀世界

武器になる哲学 人生を生き抜くための哲学・思想のキーコンセプト 50

作　　者——山口周
譯　　者——陳嫻若
封面設計——萬勝安
責任編輯——張海靜、劉素芬
行銷業務——郭其彬、王綬晨、邱紹溢
行銷企劃——陳雅雯、汪佳穎
副總編輯——張海靜
總 編 輯——王思迅
發 行 人——蘇拾平
出　　版——如果出版
發　　行——大雁出版基地
地　　址——台北市松山區復興北路 333 號 11 樓之 4
電　　話——02-2718-2001
傳　　真——02-2718-1258
讀者傳真服務——02-2718-1258
讀者服務信箱——andbooks@andbooks.com.tw
劃撥帳號——19983379
戶　　名——大雁文化事業股份有限公司
出版日期——2019 年 9 月初版
定　　價——420 元
I S B N——978-957-8567-34-4

歡迎光臨大雁出版基地官網
www.andbooks.com.tw
訂閱電子報並填寫回函卡

如果